古生物のしたたかな生き方

はじめに

「古生物とか、進化とか。そのあたりから、普通の会社員や学生が、会社や学校で役立つ〝何か〟を学び取れるものがありませんか？」

この本の企画は、編集さんのそんな一言から始まりました。

筆者は、サイエンスライターです。〝科学の物書き〟を生業にしています。いわゆる「ビジネス書」の専門家ではなく、著作の大半は「科学って面白いんだよ」という趣旨のものが占めています。「得意分野」という名の主戦場は、「古生物学」。これまでにこの主戦場を中心に50冊以上を上梓してきました。サイエンスライターとして独立する前は、科学雑誌『Newton』の編集部に所属し、１０００本以上の大小の記事を執筆・編集し、1年半にわたる同誌のサブデスク（部長代理）の経験もあります。

そんな筆者ですが、実は歴史も大好きです。世界史も好き、日本史も好きです。

歴史も好きな筆者にとって、冒頭の一言は「歴史から学ぶ」という言葉を思い出す契機となりました。

そもそも「古生物」とは、人類の文明史が始まるより前に生きていた生物を指す言葉です。存在の証拠として化石を残し、研究者は化石を分析することで、古生物の生態や進化を解き明かしていきます。

そうして明らかにされた古生物が紡いできた「歴史」が、「生命史」です。

そうです。古生物を探究する古生物学にも「歴史学」の側面があるのです。私たちが歴史上の偉人や事件などからさまざまなことを学ぶように、生命史に登場した古生物から学べることはたくさんあるはず。

そもそも生物が死んで「化石」となるには、さまざまな条件と幸運が必要です。化石ができる確率は、けっして高くありません。むしろ、レアであると考えられています。

化石があるという事実だけで、ある意味、「彼らは成功者」だったと言えます。一定以上の繁栄を勝ち得たからこそ、化石となり、今、私たち人類の前に姿を見せているのです。

やたらと長い〝命脈〟を保ったグループがあったり、長い雌伏の時を経て、進化の果てに頂点に立った種があったり。研究者が解き明かした古生物の姿から、現代を生きる私たちが学ぶことはいくつもあるはず。

この本では、そんな話題を集めてみました。

魅惑的な古生物たちに触れながら、ぜひ、肩の力を抜いて楽しんでお読みいただければと思います。

2019年12月　サイエンスライター　土屋　健

目次

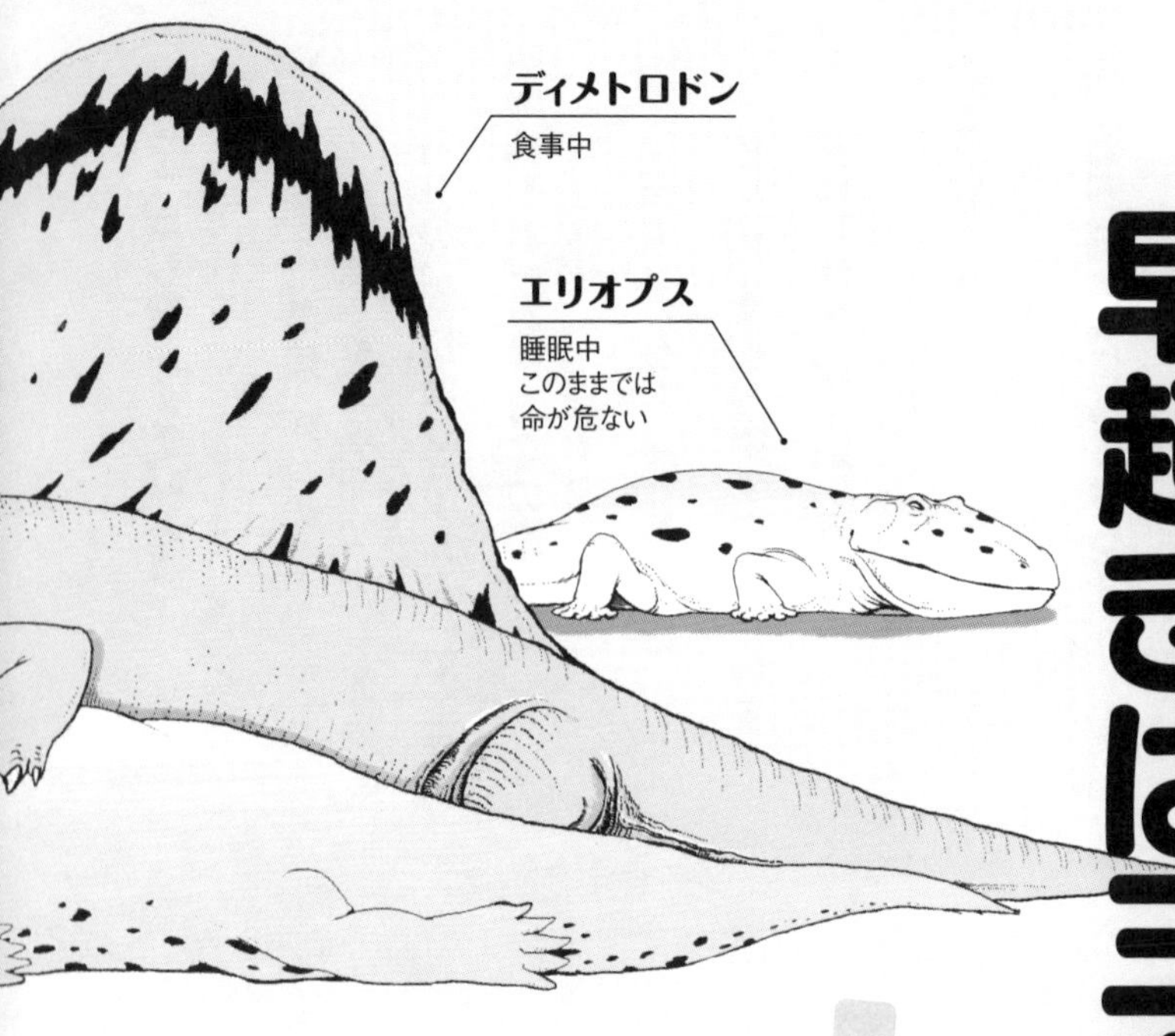

早起きは三文の徳
……どころじゃない！

ピックアップ古生物

ディメトロドン
・全長3m超
・背中に特徴&秘密あり
・朝に強い

エリオプス
・最強の両生類
・全長2m
・朝に弱い

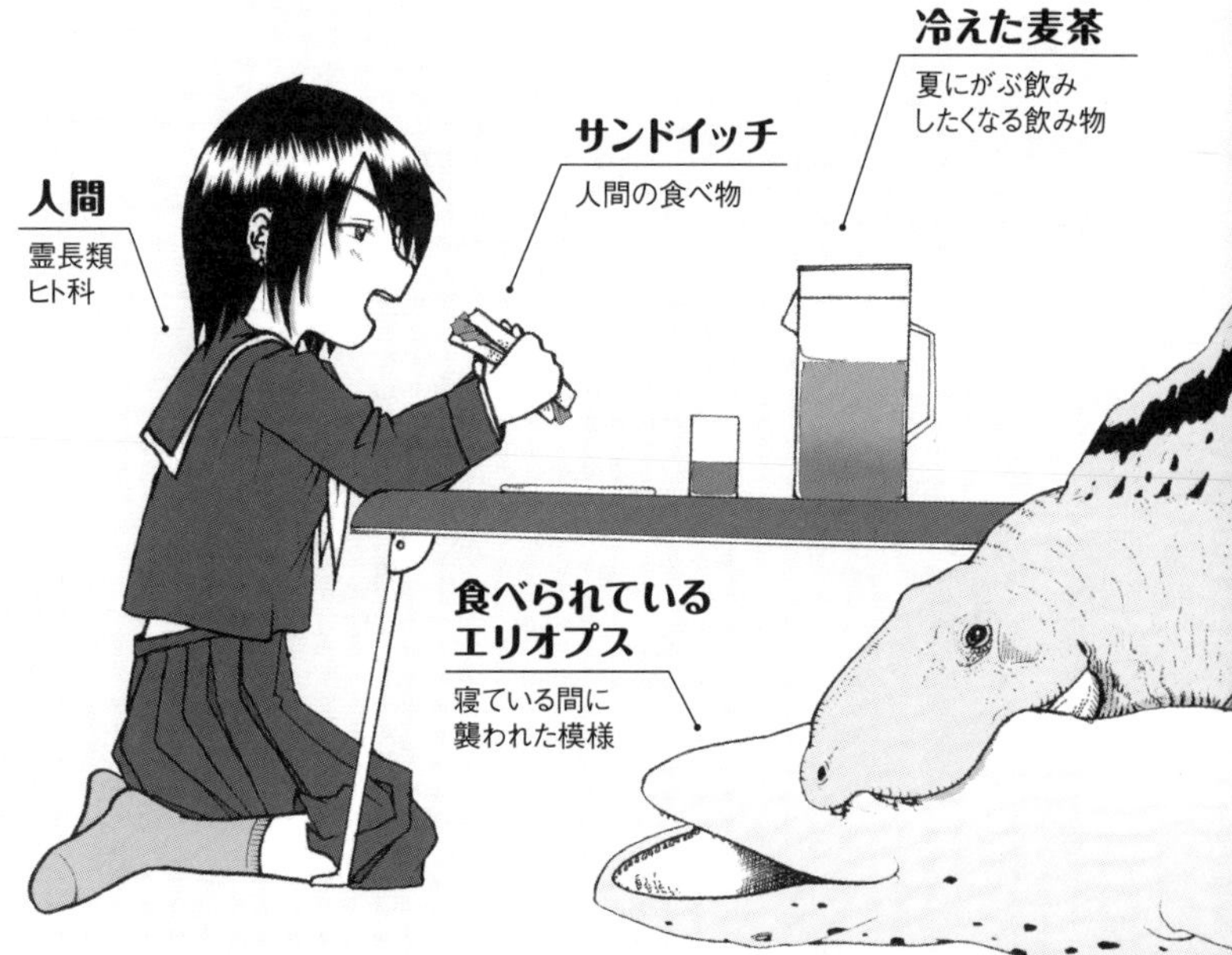

読み解くキーワード

1 単弓類
2 ペルム紀
（約2億9900万年前～約2億5200万年前）
3 体温と活動レベル

朝早く起きれば、わずか「三文」とはいえ、良いことがある。

よく知られる諺だ。英語でも「The early bird catches the worm.（早起きする鳥は、虫を捕まえる）」という似たような言い回しがあるので、これは国際的な認識だろう。

いわゆる「朝型生活」が定着している人々は、この諺を身をもって実感していることだろう。

朝の静かな時間に、前日の夜に来たメールに対応する。

朝食前に一仕事片付けてから出勤する。

起床後に今日1日のスケジュールを考える。

学生であれば、登校前にその日の予習を終わらせる。

インターネットで検索すれば、朝型生活のさまざまな成功事例がヒットする。実は、筆者自身も高校受験以来、基本的には朝型生活を続けている。かつては受験勉強の時間として、科学雑誌『Newton』でサブデスクを担当していたときは夜の間に同僚たちが送ってきた原稿をチェックする時間として、現在は各版元の編集者から送られてくるメールに対応したり、前日に書いた原稿を再確認する時間として使っている。

筆者の個人的な考えでは、朝型生活の最大の利点は「心理的な優位性が得られること」にある。朝食前に一定以上の仕事を進めておいても、その先に「今日という1日」は長く残っている。「まだまだ時間はある」という気持ちが、1日の仕事に余裕をもたせてくれる。

閑話休題。

自然界における朝型生活のアドバンテージは、生存競争に関わってくる。「ほかの動物が寝ているうちに活動を開始する」と同じ獲物を狙うライバルを出し抜けるし、そもそも獲物の活動レベルも朝は低い。その意味では、英語の「The early bird catches the worm.」はより直接的な

表現といえる。

古生物にも、この〝早起きアドバンテージ〟を上手に活用していたとみられる動物がいた。

寒い時代に生きていた親戚

単弓類（たんきゅうるい）、という脊椎動物のグループがある。

聞き慣れない方もいるかもしれないが、実は私たち哺乳類はこの単弓類の中の1グループである。単弓類の歴史は哺乳類のそれよりも1億年以上古く、3億年と少し前にはすでに出現していた。

一定以上の世代の人々は、「哺乳類は爬虫類（はちゅうるい）から進化したもの」と記憶されていることだろう。しかし現在の科学では、哺乳類と爬虫類は、その進化において連続していないとの見方が主流となっている。

約3億7000万年前に上陸に成功した両生類から二つのグループが生まれ、そのうちの一つが爬虫類に、もう一つが単弓類となった。その単弓類の中にやがて哺乳類が生まれた、という流れが現在の理解である。

哺乳類が誕生する前の単弓類にはいくつかのグループがあり、それぞれが大いに繁栄していた。彼らは私たち哺乳類にとっては、いわば親戚筋にあたる存在だ。

そんな親戚たちが覇を唱えていた時代が「ペルム紀」だ。

正確には「古生代ペルム紀」。約２億９９００万年前から約２億５２００万年前の約４７００万年間を指す時代名である。古生代は約５億４１００万年前に始まって約２億５２００万年前まで続き、そこには六つの「紀」が設定されている。ペルム紀はその最後の「紀」だ。ペルム紀が終わると、恐竜時代として知られる中生代が始まる。

ペルム紀は、前半と後半で大きく気候が変わった時代である。前半は寒冷、後半は温暖だった。寒冷な時代の単弓類の代表として「**ディメトロドン**（*Dimetrodon*）」がいた。単弓類内の盤竜類と呼ばれるグループの代表選手である。このグループ名には「竜」という文字が使われているけれども、恐竜とは関係ない。ディメトロドンは、大きなものでは全長３メートルを超える巨体をもつ。長さだけでいえば、現生のライオンよりも大きい。当時の陸上動物としては最大級にあたる。頭部は大きくがっしりとしており、口には鋭い肉食用の歯が並んでいた。

ディメトロドンの最大の特徴は、その背中にある。各背骨から上に向かって細い骨が伸びていた。その細い骨は首と尾に近い位置では低く、そして背の中央部分では高くなっていた。この骨はあまりにも細いため、骨を覆うように皮と肉でできた「帆」があったとの見方が一般的である。細い骨は、帆を支える芯だったというわけだ。

「三文の徳」……どころじゃない！

寒い朝は誰だって布団から出たくない。

それでも私たち哺乳類は、内温性（いわゆる恒温性のこと。かつては温血性とも呼んでいた）であり、自分の体内で熱をつくることができるから、まだマシである。

哺乳類と鳥類をのぞく脊椎動物は、外温性（変温性のこと。冷血性とも）であり、自分自身で熱をつくることができない。そのため、陽を浴びて、体温が高まるのを待たなくては、その日の活動を始めることができない。

ディメトロドンのような原始的な単弓類が内温性であるか、外温性であるかはわかっていない。化石に証拠が残っていないからだ。しかし、おそらく外温性だったのではないか、とみられている。

寒冷な時代だったペルム紀の前半。おそらく多くの動物たちは、朝が〝苦手〟だっただろう。

しかし、ディメトロドンはちがっていた。

帆の芯となっている骨の内部には空隙があり、そこには血管が通っていたと考えられている。

そのため、帆を日光に当てることで、いち早く体温を上昇させることができたと指摘されているのだ。

帆が温まれば血管が温まり、血管が温まれば血液が、そして血液が温まれば体温が上がる。帆なしの状態と比べると、体温の上昇速度は約2・5倍になったと計算されている。

体温が一定以上になれば、本格的にからだを動かすことができる。

すなわち、ディメトロドンは、帆を使うことで、他の動物たちよりも早い時間から活動を開始することができた可能性が高い。

ディメトロドンの化石がみつかる地層からは、大型の動物化石がいくつかみつかっている。

たとえば、「**エリオプス**（*Eryops*）」だ。エリオプスは絶滅した両生類グループの一員である。

「両生類」と聞くと、カエルやイモリ、アシナシイモリを想像するかもしれない。これらの現生の両生類は、正確には「平滑両生類」と言われ、両生類全体からみれば、唯一生き残っているグループである。

かつての両生類にはほかにもグループがいくつか存在し、エリオプスはまさにそうした絶滅グループの一つに属している。見た目は平滑両生類のいずれとも似ておらず、大きな頭部には鋭い歯が並び、がっしりと太い背骨、太い四肢をもっていた。「重量級」であり、その全長は2メートルに達した。

「両生類史上、最強種の一つ」といえる存在だ。

そんな〝最強の両生類〟も、朝には弱かった。外温性であり、しかも大きなからだは、体温を

上昇させるためにそれなりに長い時間を必要とする。エリオプスは、ディメトロドンのような便利な帆をもっていない。

朝型のディメトロドンは、最強の両生類がまだ満足にからだを動かせない時間帯に活動を開始し、最強の両生類を狩ることもできたのかもしれない。

「三文」どころではない徳である。

早起きこそが最強の重要な要素となっていた、というわけだ。

実は夜型もお得？

ディメトロドンの強みは、寒冷な時代に〝早起き〟できたことだった。

……そう考えられてきた。

他の動物には見られない帆。帆の芯にある血管。生態系の頂点に君臨するのにふさわしい強力な顎。

すべてがガッチリとハマる仮説だ。

……しかし、何事も、ガッチリとハマるときこそ落とし穴がある。

このハマる仮説を否定しかねない新たな研究成果がフィールド自然史博物館（アメリカ）のK・D・アンジルチェックと、クレアモント・マッケナ・ピッツァ・スクリプス・カレッジ（アメリカ）のL・シュミッツによって発表されている。2014年のことである。

アンジルチェックとシュミッツが注目したのは、「鞏膜輪（きょうまくりん）」である。

鞏膜輪は眼球を保護する骨で、私たち現生の哺乳類はもたないが、親戚筋にあたるディメトロドンたちはこの骨をもっていた。ちなみに、爬虫類もこの骨をもつ。

鞏膜輪を分析することで、眼（め）のサイズや性能などを推測することができる。たとえば、その眼が私たちのように「明るい環境で物を見る」ことに適していたのか、あるいは、フクロウなどのように「暗い環境で物を見る」ことに適していたのかを推測することができるのである。

アンジルチェックとシュミッツが鞏膜輪を分析した結果、ディメトロドンは、夜行性の可能性が高いことが指摘された。

温度調整機能としての帆が十分な役割を果たすためには、日光を利用しなければいけない。

しかし、その眼は日光の当たる昼間よりも夜向きだった。

ディメトロドンが夜行性だったとしたら、いったいいつ日光を利用していたのだろうか？

なんとも矛盾する特徴のようにみえる。

帆と眼。どちらが正しいのだろうか？

ここで気をつけなくてはいけないのは、アンジルチェックとシュミッツの研究は、従来の考えを「否定しかねない」ものであっても、「否定する」ものではないということだ。

何事も早とちりは〝事故〟のもとである。

一つには、ディメトロドンという名前をもつ動物の多様性だ。

実は一口に「ディメトロドン」とは言っても、「ディメトロドン・グランディス（*Dimetrodon grandis*）」「ディメトロドン・ミレリ（*Dimetrodon milleri*）」など、さまざまな種が存在する。それぞれの種はわかりやすい点ではサイズが異なり、帆の形などもちがう。帆の血管は、すべてのディメトロドンの種で確認されたわけではなく、アンジルチェックとシュミッツの研究もすべてのディメトロドンの種に適応されるわけではない。同じディメトロドンであったとしても、「夜型の種」と「早起き型の種」の両方がいても不自然ではない。

あるいは、「夜型」であり「早起き」であるということも可能性としては残る。日没後も空気が冷え込むまでは時間がかかる。その時間を活用するには、夜型の眼は有効だ。すなわち、いわゆる「遅寝」「早起き」対応で、〝寝る間を惜しんで〟活動していた可能性だってある。

一つ言えることは、ペルム紀の前半において、生態系に君臨していたとされるこの動物は、「他の動物が休んでいる時間」に活動していた可能性が高いということだ。

昔からいうではないか。

他人が休んでいるときこそ稼ぎどき、と。

没落したら、復活すればいい
……大変だけど

ピックアップ古生物

イノストランケヴィア
- 全長3・5m超
- 佐野市葛生化石館に全身復元骨格あり
- 前恐竜時代の「強さの象徴」

ディイクトドン
- 全長45㎝超
- 見た目はダックスフント
- 前恐竜時代の「数の象徴」

読み解くキーワード

1 **ゴルゴノプス類**

2 **P/T境界大量絶滅事件**（約2億5200万年前）

3 **「盛者必衰」という必然**

〝大人の社会〟では、よくある話である。

社長の覚えめでたく、順調に出世街道を駆け上り、若くして上級管理職に。会社幹部の一員として、将来安泰。

しかし、突然の社長交代劇で、社長辞任。

新社長は、旧社長時代の幹部たちに一つの選択を突きつける。

辞職か、それとも、降格して平社員からやりなおすか。

いずれの場合も、人生計画の再構築を迫られるだろう。

とくに後者の場合、再び出世街道を目指すのか。それとも、細々と定年を目指すのか。

生命史にも似たような話はある。

しかもそれは、私たち哺乳類の歴史と密接に関係している。

かつて上位にいた仲間たち

生命史を振り返って、「かつての地上の支配者は?」と問われれば、多くの人々が「恐竜」を挙げるだろう。

全長約13メートルの肉食恐竜「**ティラノサウルス**(*Tyrannosaurus*)」をはじめ、30メートルを超える巨大な植物食恐竜の存在など、なるほど、たしかに恐竜類は「かつての支配者」にふさわしい。

しかし、そんな恐竜たちだって、「地上の最初の支配者」というわけではない。恐竜類の登場は約2億3000万年前。本格的に台頭するようになったのは、約2億年前以降のことだ。

では、恐竜類が登場する前の支配者は何だったのだろう?

恐竜が登場した時代を中生代三畳紀という。

そして、その前の時代は古生代ペルム紀だ。前項「早起きは三文の徳」で登場した「ディメトロドン(*Dimetrodon*)」がいた時代である。

ディメトロドンは恐竜類ではない。爬虫類でもなかった。単弓類の一員である。前述したように、単弓類とは私たち哺乳類とその近縁の絶滅動物たちを含むグループのこと。ペルム紀には哺乳類は出現していないものの、その親戚ともいえる単弓類の仲間たちはすでに現れていた。

そして、生態系の〝支配者層〟だった。

ペルム紀後半の地上生態系には、新たに「ゴルゴノプス類」と呼ばれる単弓類グループが台頭していた。

ゴルゴノプス類……。なんとなく字面だけで、強そうとか怖そうとか、そんなニュアンスが伝わってきそうだ。実際、このグループ名は、「ゴルゴノプス（*Gorgonops*）」という単弓類に由来するもので、ゴルゴノプスという名前そのものに「恐ろしい顔」という意味がある。

その名の通り、このグループの動物は、顔に特徴がある。

首から後ろは、ディメトロドンのような帆があるわけではなく、のちの恐竜たちがもつような板もトゲも鎧（よろい）もない。歩行に使う四肢があり、尾があるのみだ。

しかし頭部は前後に長くがっしりとしていて、とくに上顎には長い犬歯があった。種によってはその長い犬歯を生かすために、下顎を90度にまで開くことができたとされる。また、口先の門歯も発達しており、肉を効率的に貪ることができたとみられている。

ゴルゴノプス類の中でも最大級として知られているのは、「**イノストランケヴィア**

（*Inostrancevia*）」。頭骨の大きさだけで60センチメートル、全長は3・5メートルを超えたとされる。「長さ」という点だけに注目すれば、6ページのディメトロドンと同じくこの数字は現生のライオンを上回る。当時最大の肉食動物だ。ちなみに日本では、筆者の知る限りでは佐野市葛生化石館でのみ、その全身復元骨格を見ることができる。

強さだけが単弓類繁栄の象徴というわけではない。

南アフリカに、カルー層群という地層群がある。その地層の一つから産出する化石数の実に6割を占める種類がある。

それが「**ディイクトドン**（*Diictodon*）」だ。同じ単弓類でありながらも、全長は45センチメートルほどと、イノストランケヴィアの7分の1以下。現代の日本社会で暮らす小型犬サイズである。見た目も小さなダックスフント（顔はやや寸詰まり）のようで、実に愛らしい。

ディイクトドンは、地中に巣穴をつくり、つがいで暮らしていたともされる。つまり、すでに一定の社会性ももっていた。

前恐竜時代の強さの象徴がイノストランケヴィアならば、数の象徴はディイクトドンだった。

ことほど左様に、我らが哺乳類の親戚たちは、ペルム紀という時代を謳歌（おうか）していたのである。

祇園精舎の鐘の声、諸行無常の響きあり。沙羅双樹の花の色、盛者必衰の理をあらはす。おごれる人も久しからず。ただ春の夜の夢のごとし。猛き者もつひには滅びぬ、ひとへに風の前の塵に同じ。

……鎌倉時代初期に成立したとされる『平家物語』（作者不詳）の一節である。学生時代に暗記したという人も多いだろう。日本を代表する軍記物だ。

かつて栄華を極め、「平家にあらずんば人にあらず」とまで言わしめた一族、平氏。しかしその繁栄は永遠には続かず、源平の合戦を経て、政権は源氏へと移行した。

まさに盛者必衰。何者であれ、繁栄し続けることは難しい。

平氏のように驕(おご)っていたわけではないだろうが、単弓類の栄華もペルム紀末に終わりを告げた。約2億5200万年前、生命史上最大、空前絶後の大量絶滅事件が勃発したのである。

ハワイ大学（アメリカ）のスティーヴン・M・スタンレーが2016年に発表した研究によると、このとき81パーセントの生物種が滅んだとされる。

80パーセント超えである。

本書から眼を上げて、あなたのまわりを見回してほしい。何人があなたの視界に入るだろうか。

たとえば、あなたが仕事場にいて、あなたがいるフロアには50人の同僚がいたとしよう。

そのうち、40人以上が姿を消す。

そんな大事件がこのときに発生した。

もちろん、40人もの同僚が姿を消したとしたら、組織は機能不全に陥る。同様に、大絶滅の起きた生態系も大胆な再構築を余儀なくされ、生命の歴史はこの事件をもって二分されるほどに大きな変化をみせることになった。

もっとも、スタンレーが発表したこの数値は「海洋生物種」に限定したものだ。陸上生態系は、海洋生態系ほど詳細なデータが地層に残りにくい。とくに全地球レベルにおいて、信頼性の高い数値は論じられていない。それでも、地域レベルでみたときには、脊椎動物の絶滅率が69パーセントに達した地域もあるとされている。海ほどではないにしろ、十分に「壊滅的」と表現していい値である。

この大量絶滅事件は、ペルム紀の英語「Permian」の頭文字である「P」と、その次の時代である三畳紀の英語「Triassic」の頭文字である「T」をとって、「P/T境界大量絶滅事件」と呼ばれている。

P/T境界大量絶滅事件の原因は、よくわかっていない。火山の大規模噴火があったとする説や、海から酸素が消えたとする説など諸説提案されているが、「有力」という説はない。

しかし、事象として、空前絶後の大量絶滅事件があったことだけが、確認されているのである。

源平合戦後も平氏は生き延びたように、単弓類のすべてがP/T境界大量絶滅事件で滅んだわけではなかった。それは、単弓類の一員である私たちが、今日、こうして生きていることが何よりの証拠である。

しかし、〝支配階級〟にいた単弓類は、この事件で姿を消した。「強さ」の象徴であったゴルゴノプス類は、P／T境界大量絶滅事件を越えて子孫を残すことはできなかったのである。まさに「猛き者もつひには滅びぬ」である。

ただし、平氏と異なるのは、単弓類にはなんら責任はなかったということだ。P／T境界大量絶滅事件の原因はまだ謎だけれども、単弓類が〝生物のグループとしての寿命を迎えていた〟とする仮説は一つもない。基本的には何らかの環境変化が原因だったとみられている。

雌伏の時代

P／T境界大量絶滅事件後にやってきたのは、「爬虫類の時代」だ。

P／T境界大量絶滅事件前、爬虫類はけっして大きな勢力ではなかった。水辺の〝支配権〟は大型の両生類が握り、内陸では単弓類が生態系の上位に〝君臨〟していた。当時、数メートル級の大型爬虫類もいることにはいたが、みんな植物食性だった。生態系の上位種たる肉食性の大型種は当時の爬虫類には確認されていない。

P／T境界大量絶滅事件後の三畳紀になると、状況は一変する。

陸においても、海においても、空においても、爬虫類が一大勢力を築くことになるのだ。

陸では水辺でワニの仲間たちが台頭、内陸ではやがて恐竜類が1億年を超える〝大帝国〟を築くことになる。海においては、現生のイルカに似た姿をもつ魚竜類が先行し、それに続くようにクビナガリュウ類（『ドラえもん のび太の恐竜』でおなじみの「ピー助」である）などが数を増やしていく。空においてはまずは翼竜類、そして鳥類が出現することになる。

単弓類は完全に〝弱体化〟した。

爬虫類たちと生態系の上位を争うような、大きなからだをもつ肉食性の単弓類は完全に姿を消した。

植物食性の単弓類に関しては、P／T境界大量絶滅事件から約4000万年後に全長約4・5メートルの「**リソウイシア**（*Lisowicia*）」という単弓類が現れている。ずんぐりむっくりしたツノのないサイのような姿で、ペルム紀に繁栄したディイクトドンの近縁にあたる。

「全長4・5メートル」という値は、ペルム紀の陸上世界では大型にあたる。しかし、P／T境界大量絶滅事件から約4000万年が経過した世界には、すでに10メートルを大きく超える植物食恐竜類が出現しており、4・5メートルといえども、「大型」といえるサイズではなかった。

そして、このリソウイシアを最後に、メートル超級の単弓類は〝鳴りを潜める〟ことになる。

かくして、ペルム紀にあれほど隆盛を誇った単弓類は、基本的には恐竜類を中心とする爬虫類の優勢下で暮らしていくことになる。

この雌伏の時間は、実に約1億8600万年間続いた。

そして返り咲く

爬虫類の優勢下にあっても、単弓類（哺乳類）は絶滅しなかった。

それどころか多様化を進め、さまざまなグループを生み出したことが知られている。この多様化が、哺乳類のその後の〝運命〟を決めた。

約6600万年前、一つの巨大隕石が地球に落下し、突如として中生代は終わる。

このとき、恐竜類をはじめとして、多くの爬虫類グループが姿を消した。

哺乳類も大打撃を受け、多数のグループが姿を消す。

しかし、その中にいた三つのグループ、単孔類（カモノハシの仲間）、有袋類（カンガルーの仲間）、有胎盤類（ヒトを含む、今日の哺乳類における多数派）だけは、この絶滅を乗り越えることに成功した。

雌伏の時代にあっても、多様化を重ねていたことが「吉」と出たのだ。

その後の展開は詳しく書く必要はないだろう。

各生態系の〝支配層〟にいた爬虫類が姿を消した結果、その〝立ち位置〟を哺乳類が占めることになった。

そして哺乳類は大いに多様化し、空前の繁栄を勝ち取って今日に至るわけである。

長い雌伏の時を経て、ついに〝復活〟を果たしたのだ。

大敗北すると復活までの道のりは長い。しかし、臥薪嘗胆（がしんしょうたん）。復活につながることがないわけでもないのである。

生命史に残る5大絶滅

35億年を超える生命の歴史において、中小規模の絶滅は頻繁に起きてきた。そうした絶滅事件とは別に、生命史の転換点となるような大規模な絶滅もある。その回数は、化石の記録が充実し始める約5億4100万年前から現在までの間に合計5回。この5回の大量絶滅事件は、まとめて、「ビッグ・ファイブ」と呼ばれている。

よく知られているビッグ・ファイブといえば、約6600万年前の中生代白亜紀末に起きた事件だろう。巨大隕石の衝突に端を発する地球環境の変化によって、鳥類をのぞく恐竜類は絶滅し、数多の海棲爬虫類も滅び、アンモナイト類も姿を消し、哺乳類をはじめとする多くの動物群に大打撃を与えた。この事件をきっかけに、各地・各海域で〝覇権〟を握っていた爬虫類の多くは、生態系上位の座を哺乳類に奪われていくことになる。

白亜紀末の大量絶滅事件は、高い知名度をもつけれども、規模としてはビッグ・ファイブの中では第3位だ。種の絶滅率は、36〜68パーセントと見積もられている。

最も大きな絶滅は、約2億5200万年前の古生代ペルム紀末に勃発した事件で、種の絶滅率は81パーセント。第2位は、約4億4400万年前の古生代オルドビス紀末に起きた事件で絶滅率72パーセントである。

第4位は約3億7200万年前の古生代デボン紀後期の事件で絶滅率40パーセント前後、第5位は中生代三畳紀末の事件と続く（この事件は、ビッグ・ファイブに含めない研究者もいる）。

現在の地球で、「6番目の大量絶滅が進行中」と指摘する研究者も少なくないが、本当にビッグ・ファイブ級の「大量」絶滅となるのかは、私たち次第であるといえる。

イヌの環境適応能力がすごすぎる……マネできる？

ピックアップ古生物

＊ミアキス
・約5500万年前に登場
・全長20㎝
・まるでイタチ
・べた足歩行ゆえに樹上生活可

＊レプトキオン
・約3400万年前に登場
・〝最初〟のイヌ
・つま先歩き

読み解くキーワード

1 ミアキス類・レプトキオン
2 環境変化にどう対応するか
3 「柔軟な遺伝子」の代償

旧約聖書の『創世記』によると、かつて、乱れた地上世界を見た神が大洪水を引き起こし、地上のすべてのものに滅びをもたらしたという。しかし、ノアとノアの家族、そしてノアが選んだ動物たちだけが方舟(はこぶね)に乗って大洪水を生き延びて、子孫を残すことにつながったとされる。

ノアは一応、すべての生き物のつがいを1ペアずつ選んだという。しかし、ノアのつくった方舟がどれほど大きくても、地上世界のすべての種を乗船させることができたとは考えにくい。大洪水という「環境変化」を乗り越えることに際して、ノアが意図的に取捨選択をした可能性も否定できない。

もちろん『創世記』はあくまでも「物語」。大洪水による大量絶滅事件は、地球史には確認されていない。

ただし、大洪水とまではいかなくても、地球史において大小の環境変化は〝日常茶飯事〟だ。たとえば、21世紀を生きる私たちは、地球温暖化という大きな問題に直面している。地球の歴史を振り返れば、現代の温暖化を上回る温暖化、寒冷化、こうした変化に伴う海水準変動、そして、湿潤化、乾燥化など、地球の気候は常に変化してきた。

そんな環境変化に上手に対応して５０００万年を超える命脈を保ち、現代では「人類の友」としての地位を確立した動物が身近にいる。

イヌである。

〝棲み良い環境〟は永遠じゃない

一般社団法人ペットフード協会は、日本全国のイヌとネコの飼育実態調査を毎年行っている。２０１８年末に発表された「平成30年（２０１８年）全国犬猫飼育実態調査　結果」によると、

イヌの飼育頭数は８９０万３０００頭だ。総務省統計局によれば、日本の総人口は２０１８年９月時点で１億２６４１万７０００人。つまり、およそ日本人14人に対して、１頭のイヌがいることになる。これは人口比なので、世帯でみればもっと高い値になる。今、この本を読んでいるあなたの家にも、愛すべきわんこがいるかもしれない。

ちなみに、ネコの飼育頭数は９６４万９０００頭で、イヌよりも多い。室内飼育が進んだことなどにより、２０１７年からネコの飼育頭数はイヌの飼育頭数を上回るようになった。

なお、筆者の家にはラブラドール・レトリバーとシェットランド・シープドッグが家族として暮らしている。こうして原稿を書いている書斎でも、部屋の片隅でどちらか、あるいは両方のイヌがからだを丸くして寝息を立てていることが多い。

人類の友であるイヌ。

このイヌの歴史を遡っていくと、約５５００万年前に登場した「ミアキス類」という動物にたどり着く。ミアキス類は全長20センチメートルほどの「**ミアキス**（*Miacis*）」に代表される。その姿は、「イヌの祖先」というよりは、イタチのようだ。

ミアキス類がいた時代は、地球はとても温暖だった。世界中に亜熱帯の森林があった。

現代日本人としては、「亜熱帯の森林」と聞くと、「暑くてジメジメしていて、棲（す）みにくそう」と感じるかもしれない。

しかし、野生動物にとってはなかなか良い環境だ。鬱蒼（うっそう）と茂る樹木にはさまざまな果実がなり、昆虫をはじめとする小動物が暮らし、夜になっても急激に気温が下がることはない。

実に暮らしやすいのである。

ミアキス類はこうした亜熱帯の森林に暮らしていた。

ミアキス類と現生のイヌ類を比べたときの大きな違いは、その足にある。現生のイヌはつま先で歩く。これに対して、ミアキス類はかかとをつけたべた足で歩いていた。

〝つま先歩き〟と〝べた足〟では、つま先歩きの方が歩幅が広く、速く走ることに適している。べた足は速く走ることには向かないけれども、安定性が高い。そう、たとえば、樹上を歩くことに向いている。

現生のイヌは樹木に登ることはできない。しかし、その祖先であるミアキス類は樹上生活が可能だった。おそらく地上と樹上を生活圏とし、昆虫などを食べていたのだろう。

1日中温暖な気温と豊富な餌。天敵の少ない樹上の暮らし。

幸せな生活ではないだろうか。

しかし、そんな〝楽園生活〟が永遠に続くわけではなかった。

環境の変化にあわせて

ミアキス類の登場から1000万年と少しが経過した頃から、地球の気候は冷え込んでいく。寒冷化すると、乾燥化も進む。

乾燥化が進めば森林は縮小していく。亜熱帯の森林は、もはや必ずしも楽園のような環境ではなくなった。

一般に、こうした大規模な環境変化があると、多くの種が絶滅することになる。

しかし、ミアキス類から生まれたグループは、森林の外に自分の世界を広げることに成功した。これがイヌ類である。

初期のイヌ類を代表するのは、約3400万年前に登場し、その後1000万年以上にわたって命脈を保つことに成功した「**レプトキオン**（*Leptocyon*）」だ。

頭胴長50センチメートルほどのレプトキオンは、祖先であるミアキス類とは異なり、足は〝つま先歩き〟だった。つまり、歩幅が広く、走り回ることに向いていた（ちなみに、「頭胴長」とは鼻先から尻までの長さ。哺乳類の尾は垂れることが多いので、全長ではなく頭胴長を用いることが多い）。

足だけではない。

マラガ大学（スペイン）のボルハ・フィゲェリドたちが2015年に発表した研究によると、その変化は脚全体におよんでいたという。樹上生活をしていた祖先は、脚を左右に柔軟に広げることができた。これはもちろん、樹上生活で役立っていた。

しかし、イヌ類の進化が進むにつれて、肘関節の動きはほぼ前後方向に固定された。左右に開くことは難しくなり、かわりにシンプル化したことで、長時間にわたって走り回ることが可能になった。

こうして生まれたイヌ類は、草原の獲物を長距離追いかけて、獲物が疲れ果てたところを仕留めるという狩りを行うことになる。

日本の童謡では、イヌは雪が降ると駆け回る。しかし、イヌとともに暮らしている人であれば、雪が降らなくても、彼らが駆け回ることが大好きなことを知っているはずだ。

この性質は、そもそも祖先が草原に適応したことによって、生まれたものなのである。

環境が激変しても、子孫を残す柔軟性が彼らにはあったのだ。

〝柔軟すぎる遺伝子〟も考えものかもしれない

イヌには、他の動物にはない特徴がある。

それは、遺伝子の変化によって出現した新たな特徴が非常に〝表に〟現れやすいということだ。少なくとも私たちとともに暮らすイヌは、遺伝子の変化がその姿に現れやすい。

このことは「犬種」という分類で実感することができるだろう。

先ほど、筆者の家にはラブラドール・レトリバーとシェットランド・シープドッグの2頭のイヌがいると書いた。この「ラブラドール・レトリバー」と「シェットランド・シープドッグ」が「犬種」だ。

生物としては、ともに同じ「カニス・ルプス（*Canis lupus*）」という種ではあるものの、その見た目はかなり異なる。

ラブラドール・レトリバーは盲導犬として知られる犬種。我が家のラブラドール・レトリバーは頭胴長80センチメートルに達し、体重は20キログラムオーバー。これは、ラブラドール・レトリバーとしては小さい方である。毛色は白をベースとして、ところによってやや茶色味を帯びている。毛は短くて直毛だ。

シェットランド・シープドッグは、頭胴長40センチメートルほどで体重は10キログラム前後。口先がすっと前に伸びており、毛は長毛。色は茶色と薄茶色、白色が組み合わさっている。ラブラドール・レトリバーにもシェットランド・シープドッグにも、さまざまな色の個体がいる。

こうして特徴を並べていくと、とても同じ種とは思えない。

我が家のイヌだけではもちろんない。現在のイヌ類には３００を超える犬種が存在する。これらの犬種は、もしも化石しか知らなければ、別の生物種として報告されてしまったかもしれない。

それほどのちがいがある。

これこそが、イヌの遺伝子の特徴を表している。

かつて筆者が『Newton』編集部に所属していたころ、イヌの形態を研究する専門家に取材したことがある。その専門家によれば、イヌは3～4世代のかけあわせをするだけで、新たな犬種が生まれるという（詳細を知りたい方は、『Newton』２０１１年10月号をご覧になられたし）。

3～4世代である。

イヌの繁殖年齢を1歳前後とみれば、5年を待たずに新犬種が生まれることになるのだ。

人類は、このイヌ独特の特徴を利用して、自分たちの好みにあった犬種を生み出してきた。5年を待たずに新たな犬種をつくることができるのであれば、ヒトにとっては試行錯誤を繰り返すには十分すぎる時間があることになる。

イヌの〝品種改良〟は、中世以降にヨーロッパで盛んに行われ、そして現代に至る。かつて草原生活に適応したイヌ類は、現代では人類の手によって人間の生活にあわせて〝調整〟されてきたのだ。

その結果が、たとえば日本における８９０万頭超という数に反映されているわけだ。柔軟な変化が彼らの今日の繁栄の背景にある、と言ってもいいだろう。人類の友としての地位を確立した彼らは、たとえば21世紀の日本では、その多くが〝ミアキス時代〟と同等以上の環境で生きてい

るといえるのかもしれない。人間と同じ寒暖がコントロールされた室内空間で生き、高度な医療体制に支えられ、そして食事も供される。ときに自然変化にあわせ、ときに相手（人類）にあわせて変化してきたからこその「今」だ。

なんという柔軟な遺伝子！

ただし、その〝代償〟もある。

一つには、わずか数百年の間に人為的な〝進化〟を繰り返した結果、一部の犬種は人間がいなくては生活できず、子を産むこともできない。

たとえば、ブルドッグは〝改良〟によって、吻部（ふんぶ）が短くされた種だ。しかし、顎の長さの変化に歯列の変化が追いつかなかった。その結果、上下の歯が嚙（か）み合わない個体もいる。また、自然分娩（ぶんべん）ができず、帝王切開しなければ、子を産むことができない。

現代の「犬種」は、去勢・避妊を奨励し、他犬種との交配をさせないことで維持されている。同一犬種との交配は、大きな意味では近親交配に近い。生物は、自分とは系統的に異なる個体と交配することで、自分の〝弱点〟を補った遺伝子を子孫へと伝えていく。近親交配の場合は、遺伝的な異常を蓄積しやすい。実際、「この犬種では発生しやすい」と言われる遺伝的な病や障害もある。

環境の変化への〝柔軟な対応〟は命脈を保つことにつながったが、〝無理な対応〟は、さまざまな問題を生むことになった。

彼らの歴史を私たち人間社会に置き換えて考えると、身につまされることもあるかもしれない。会社内の組織の変化に柔軟に対応し、イヌ類のように生きていく方もいるだろう。もちろん、イヌ類が繁栄しているように、それは悪いことではないし、むしろ生き方としては至極当然ともいえる。

しかし、あまりにも対応しすぎた結果、会社外では〝通用しない〟ということもある。

私たちの最も身近な動物であるイヌ類は、なんだかそんなことを教えてくれる。

そんなお話である。

古生物こぼれ話

私が古生物にハマった理由

子供時代の筆者は、とくに古生物に対して強い興味があったわけではない。恐竜は好きだったけれども、おそらく多くの少年たちがそうであったという程度である。

もともと、筆者はロボット研究者をめざしていた。小学生のときに手塚治虫の『鉄腕アトム』を読み、天馬博士になりたかった。ゆえに高校は理数科に進学し、部活動で小型リニアモーターカーの電子回路を設計していたくらいである。

理数科という単学科ゆえにクラス替えはなく、担任も3年間同じだった。その担任は50歳をすぎた地学教師であり、部活動の顧問でもあった。部活動をしていると、その老齢の教師が、「今朝、良いものが採れたんだ」とまるで裏の畑で野菜を採ってきたかのように、鉱物や化石を見せてきたのだ。

満面の笑顔で。

その笑顔に触発され、恐竜が好きだったことを思い出し、恐竜の研究がしたくなって古生物学を志した。このとき、筆者の周囲の人々は、「恐竜なんて、金にならないことはやめておけ」と忠告した。しかし、忠告を受けるほどに進路志望を固くしていった。

結局、大学で恐竜の研究はできなかったけれども、「恐竜以外の古生物もかなり面白い」と気づいた。この面白さを研究者だけでとどめておくのはもったいないと思うようになる。折しも出前講義でやってきた研究者が「エンターテイメントとしての科学」という考えを披露。この言葉に魅了され、エンターテイメント・サイエンスの中核として古生物学の楽しさを広めたくなった。そして、科学雑誌『Newton』の社員募集に応募して、8年半の会社員生活を経たのちに、独立して現在に至る。

変われないなら、変わらなくてもいい

……だってネコがそうだもん

ピックアップ古生物

ミアキス
- 実は、イヌ類と共通祖先というか、「食肉類」の共通祖先

ホプロフォネウス
- ネコ類ではなくネコ型類
- でもヒョウに似ている

読み解くキーワード

1 **ネコ類とイヌ類はどこで袂を分かったか**

2 **ネコ型類**

3 **中新世**（約2300万年前〜約530万年前）

一般社団法人ペットフード協会の調査によると、2018年末の段階で、日本国内で飼育されているネコの頭数は、イヌの頭数を70万頭以上上回っている。

ただし、飼育されている世帯数に注目すれば、実はイヌの方が圧倒的に多い。イヌの飼育世帯数が約715万世帯であるのに対し、ネコの飼育世帯数は約554万世帯。その差は161万世帯に達する。

161万世帯ともなれば、日本のほとんどの府県を上回る数字だ。総務省が平成30年7月11日に発表した資料によれば、161万世帯以上ある都道府県は、10都府県しかない。

それほどまでに、イヌの飼育世帯数は多い。

それにもかかわらず、ネコの飼育頭数が多いということは、ネコは多頭飼いが多いことを意味している。実際、ペットフード協会の調査では、1世帯あたりの平均飼育頭数は、イヌの1・24頭に対して、ネコは1・74頭と大きく上回っている（「0・5頭」が「大きい？」と思われるかもしれないが、日本人の近年の平均出生率を考えれば、「0・5」の大きさがわかると思う）。

ある意味で、ネコはイヌよりも愛され、現代日本に適応していると言ってもいいだろう。

イヌが人類の友となった理由の一端は、その柔軟な遺伝子にあった（p28「イヌの環境適応能力がすごすぎる」参照）。イヌのもつ柔軟な遺伝子は、「犬種」という形で私たちの眼の前に現れており、その総数は国際畜犬連盟公認の犬種だけで340を超える。犬種が異なれば、からだのサイズから得意とする環境までさまざまな特徴が異なる。イヌは人類が〝必要とする形〟に適した姿となることで、今日の〝地位〟を築いてきたといえる。

一方、ネコにも「猫種」という品種が存在する。こちらは猫登録協会によると、公認されている猫種は50に満たないという。その中には、長毛のペルシャもいれば、短毛のアビシニアンもい

る。しかし、イヌほどに猫種間の体格の差はない。
ネコは、イヌとはまったく異なる形で「人類の友」としての地位を得て、愛すべき存在となったのである。
身近なイエネコだけがネコというわけではない。「ネコ類」というグループで見たとき、彼らは狩人として各地の生態系の上位に君臨している。
ライオン然り、トラ然り、ジャガー然り、ヤマネコだってそうだ。現生のネコ類は、強者としても一定の〝成功〟をおさめているのである。

〝棲み良い環境〟に居続けてもいいじゃない

ネコの歴史を遡ると、約5500万年前に登場した「ミアキス類」という動物にたどり着く。全長20センチメートルほどの「**ミアキス**（*Miacis*）」に代表されるイタチ似の姿をもつ哺乳類たちだ。

本書をページ順に読んできた方は、「え？　ミアキス類？」と思われたかもしれない。そう、イヌ類の祖先として紹介したグループである。

実は、ミアキス類は、イヌ類とネコ類の共通祖先なのだ。

より正確に言えば、ミアキス類は「食肉類」と呼ばれるグループの共通祖先とされる。食肉類には、クマ類や鰭脚類（アシカ、アザラシ、セイウチのグループ）なども含まれる。こうした哺乳類の歴史はみな、ミアキス類から始まる。

そんなミアキス類が暮らしていたのは、当時の地球の広い地域にあった亜熱帯の森林だった。

温暖な気候、豊富な餌、天敵の少ない樹上生活。

そんな〝楽園〟が祖先たちの生活の場だった。

しかしやがて地球環境が変化し、寒冷化が進むと亜熱帯の森林は縮小。草原が拡大した。イヌ類は、草原の生活に適応するように進化を重ねていった。

このとき、ネコ類とイヌ類は袂を分かった。

イヌ類が草原という新たな環境にあわせて進化した一方で、ネコ類は森林に留まり続けたのである。

「縮小」はあくまでも「縮小」で消滅ではない。すべての森林が消えたわけではない。何も環境の変化にあわせなくても、生きていくことはできたのだ。

さて、イヌ類は環境変化にあわせてすぐ登場したが、実はネコ類はなかなか登場しなかった。

ネコ類とその近縁種をあわせた大きなグループを「ネコ型類」という。ネコ型類には「ネコ類ではないけれども、ネコ類に近いグループ」がいくつも属している。

先に登場したのは、こうした「ネコ類ではないネコ型類」だった。

縮小しつつある森林に「ニムラブス類」というグループが現れた。

ニムラブス類は、「**ホプロフォネウス**（*Hoplophoneus*）」に代表される。頭胴長1メートルほどのこの動物は、「ネコ類ではない」けれども、現生ネコ類のヒョウととてもよく似ている。首の筋肉は発達し、四肢もがっしりとし、しかし、全体的にはしなやかなからだ。ちょっと犬歯が長いけれども、すでに現生のネコ類と変わらぬ姿をしていたのである。

すなわち、「型」の文字があろうがなかろうが、「ネコは最初からネコ」なのである。

強者には変化は必要ない？

ニムラブス類の登場以降、ネコ型類にはいくつもの種類が現れた。

その姿はいずれも現生のネコ類とよく似ている。

たとえば、「**バルボロフェリス**（*Barbourofelis*）」というネコ型類がいた。バルボロフェリスは、ニムラブス類とは別のグループに属するネコ型類だ。「バルボロフェリス」という名前（属名）をもつ種は複数いて、その中でも最大の大きさをもつ「バルボロフェリス・フリッキ（*Barbourofelis fricki*）」は頭胴長が1・6メートルに達した。この大きさは、現在のアメリカに暮らすジャガーとほぼ等しい。がっしりとした体格で、首には太い筋肉があったとされる。国立科学博物館の冨田幸光たちが2011年に著した『新版　絶滅哺乳類図鑑』（丸善）では、「筋肉質で、外見的にはクマのようなライオンと形容されそうな印象」と紹介されている。

明らかに生態系の上位に君臨する者の姿。そして、クマのように見えても、あくまでも「ライオンのような姿」である。

やはり「ネコは最初からネコ」なのである。

約2300万年前から約530万年前までの地質時代を「中新世」と呼ぶ。より正確に書けば、「新生代新第三紀中新世」という時代だ。

この中新世の半ばになると、ネコ型類の中についにネコ類が登場した。

初期のネコ類をいくつか挙げてみよう。

まずは、中新世に登場し、さほど間を置かずに滅びたネコ類として、「**メタイルルス**（*Metailurus*）」がいる。頭胴長1・5メートルのこのネコ類は、現生のピューマとよく似ている。

メタイルルスと同時代に生きていた、より大きなネコ類として「**マカイロドゥス**（*Machairodus*）」を挙げることもできる。こちらの頭胴長は2メートルほどで、トラに似ていた。

もちろん、ピューマに似ているとは言っても、メタイルルスはピューマと比べると後ろ脚が長いし、マカイロドゥスもトラに似ていてもトラよりも首が長く、筋肉質である。

しかし、やはり「ネコはネコ」であり、現生のネコ類がもつイメージから大きく外れることはない。

彼らは各地の生態系で上位に君臨し、そのしなやかなからだを存分に使って、狩りに勤しんでいたと考えられている。

ニムラブス類以降、ほとんど姿を変えなかったという事実こそが、彼らがいかに〝強者〟であり、〝完成された姿〟だったのかを物語る。

ネコ型類にみられる歴史もまた、人間社会を彷彿させる。

他者を圧倒するような、自分なりの強みをもってしまえば、自らを変えることはなくても、生き残っていける可能性はあるのだ。

ただし、実は一点だけ、かつてのネコ型類と現生ネコ類の大きなちがいがある。

ホプロフォネウスもバルボロフェリスも、メタイルルスもマカイロドゥスも、そのいずれの種類においても、上顎の犬歯が長いのだ。

いわゆる「サーベルタイガー」だったのである。

現生のネコ類には、彼らほど長い犬歯をもつ種は存在しない。

なぜ、彼らは長い犬歯をもち、現生ネコ類は長い犬歯をもっていないのか。その謎はまだ解明されていない。

そもそも、彼らの長い犬歯は何の役に立っていたのだろうか？

この疑問に関しては、いくつかの研究結果が発表されているので、良い機会だからサーベルタイガーの代表的な存在である「**スミロドン**（*Smilodon*）」を例に紹介しておこう。

スミロドンは、中新世の次の地質時代である鮮新世に登場し、その後、約1万年前まで生きていたネコ類だ。その命脈は250万年間を優に超える。頭胴長は1・7メートルほどと現生のトラのやや小さな個体と同サイズ。全身ががっしりとした体つきで筋肉質、四肢は短く、尾も短いという姿である。近距離決戦・短期制圧型の戦闘スタイルが得意だったようだ。

スミロドンの犬歯は実に15センチメートルにおよぶ。ドラキュラも真っ青の長さである。クレムゾン大学（アメリカ）のM・アレクサンダー・ワイソッキたちが2015年に発表した研究によると、この犬歯は月間6ミリメートルの速度で伸びていたという。

当然のことながら、この長い犬歯を有効に使うには、口を大きく開く必要がある。そのため、スミロドンの下顎は、実に120度まで開いたとされる。直角を大きく超えても、彼らの顎がはずれることはなかった。

スミロドンの犬歯はナイフのように鋭い。ただし、ナイフのように厚みがないために、横方向の衝撃には弱かったとされる。これは、武器としてはあまりよろしくない特徴である。

そのため、スミロドンの犬歯は格闘時にはほとんど使われていなかったとの見方が強い。

彼らのメインの武器は何だったのかといえば、それは前脚だった。がっしりとした前脚が繰り出す〝ネコパンチ〟こそが、最大の武器だったのだ。カリフォルニア州立工科大学ポモナ校（ア

メリカ）のカサリン・ロングたちが2017年に発表した研究によれば、スミロドンは幼い頃から前脚が発達していたという。

幼少の頃から腕っ節が強かったわけだ。

では、長い犬歯は何の役に立ったのかといえば、〝トドメの一撃専用〟という見方が主流である。抵抗しなくなった相手の首に突き刺し、そして、血管や気道などをえぐりとっていた可能性が指摘されている。

スミロドンだけでもその歴史は数百万年間におよび、犬歯の長いネコ型類の歴史はそれこそホプロフォネウスまで遡る。

したがって、この長い犬歯が彼らの繁栄に一役買っていたのは間違いない。しかし、なぜか現生のネコ類には長い犬歯をもつものがいないのである。その理由はよくわかっていない。

一つ言えることは、「ネコは最初からネコ」であり、そして生態系の上位に君臨する〝強者〟であり続けた。そして、現在も〝強者〟であり続けているということだ。

イヌのように〝環境にあわせて〟生きていかなくても、強者であれば〝自分のスタイル〟を保ち続けることができる。そんな例といえる。

あなたはイヌだろうか、それともネコだろうか。

ウマイ話には、罠がある
……と信じて実直に生きる
人間
驚いている
ダイアウルフ
アメリカマストドンを
襲おうとして
自らも沼にハマる
沼に落ちた
アメリカ
マストドン
底なし沼
骨

ピックアップ古生物

アロサウルス

・ジュラ紀末期（約1億5000万年前）の覇者
・全長8・5m

ダイアウルフ

・大きなオオカミ
・体重60kg超

読み解くキーワード

1 ミイラ取りがミイラになる
2 ランチョ・ラ・ブレア（ロサンゼルス）
3 クリーブランド・ロイド発掘地

「私たちが眼にする動物化石の多くは、基本的に〝非業の死〟を遂げた結果」

かつて筆者が取材した古生物学者の言だ。

すべての動物が死んで化石になるわけではない。むしろ、寿命や病気などで〝自然死〟した動物は化石に残りにくい。なぜならば、自然死の場合、その遺骸は肉食動物に荒らされ、食われ、破壊の限りを尽くされてしまうからだ。肉食動物にとって、自然死したばかりの動物は、反撃の恐れのない、格好の食料である。

肉食動物による死体損壊を避けるためには、動物が化石として残るためには、速やかに地中に埋もれなければいけない。地中に埋もれることで、肉食動物や雨風による破壊から遺骸を守る必要があるのだ。

速やかに地中に埋もれるということは……たとえば、洪水に巻き込まれたり、砂嵐に巻き込まれたりしたということ。日常にはない状況に巻き込まれ、苦悶のうちに死に至った可能性が高いということになる。

すなわち〝突発的な事故〟による非業の死だ。

しかし、化石となった動物の中には、自身の油断……というべきか、判断の甘さ……というべきか、ともかくもいわゆる「ウマイ話」に自ら飛びついた結果、死に至ったとみられるものが少なからず存在する。

楽をしようとして大量死

アメリカ、ロサンゼルスの街中に「ランチョ・ラ・ブレア」という化石産地がある。この場所からは、主に約3万8000年前から約1万年前の動物化石がみつかる。これまでに発掘された標本数は実に350万点超。種数にして600を超えるという。

ランチョ・ラ・ブレアから発見される化石は、たとえば、いわゆる「サーベルタイガー」の呼び名で知られる「**スミロドン**（*Smilodon*）」だったり、北アメリカにおける古今の哺乳類で最も大きい「**コロンビアマンモス**（*Mammuthus columbi*）」だったりする。マンモスに似ているけれども、マンモスよりもやや小型で歯の凹凸が激しい「**アメリカマストドン**（*Mammut americanum*）」や

がっしりとした体つきのオオカミ「**ダイアウルフ**（*Canis dirus*）」の化石もみつかる。

スミロドンやダイアウルフは捕食者、コロンビアマンモスやアメリカマストドンは被捕食者。襲う方と襲われる方、両方の化石がみつかる。

ただし、ランチョ・ラ・ブレアの化石群は、通常の生態系では考えられない特徴がある。捕食者の化石の数が、被捕食者のそれよりも圧倒的に多いのだ。

通常の生態系では、被捕食者の数が、捕食者の数を大きく上回る。いわゆる「生態ピラミッド」だ。下位にいけばいくほど数が多くなる。そうでなければ、上位の捕食者が下位の被捕食者を食い尽くしてしまい、早晩、生態系が崩壊してしまう。

しかし、ランチョ・ラ・ブレアの場合は、これが逆転している。哺乳類化石のデータに着目すると、産出した化石の実に9割は捕食者のものであるという。この産地でみつかる化石で、最も多く発見されているのは、コロンビアマンモスやアメリカマストドンのような植物食動物ではない。最多産は、捕食者ダイアウルフの化石なのだ。

この逆転現象は、ランチョ・ラ・ブレアという場所の〝特性〟が関係している。実は、ランチョ・ラ・ブレアは、タールの沼（より正確に言えば、溶けたアスファルトの沼）なのである。

タールは粘性が高い。そんな沼に一度足を踏み入れたら、そう簡単には抜け出せない。

このことが、化石数の逆転現象をつくる。

まず最初に、コロンビアマンモスやアメリカマストドンのような〝魅力的な獲物〟が、何らかの理由でこの沼にハマった。粘性が高いので、この沼からは抜け出せない。結果として、死に至るか、あるいは死なずとも、体力はどんどん奪われていく。

そんな獲物をみつけた捕食者たちは、これ幸いとばかりに寄ってくる。そして、そんな捕食者の中で、やはり不注意なものが沼にハマる。その結果、動きが取れなくなり、自分自身が捕食者を呼び寄せる餌となる。

あとはこれの繰り返しだ。次々と捕食者がやってきて、沼にハマり、次の捕食者を呼び寄せる餌となる。ダイアウルフというイヌの仲間の数が多いということは、群れ単位で不注意者だったケースもあるかもしれない。

私たちは、これにぴったりの諺を知っている。

ミイラ取りがミイラになる……である。

王者だってやられてしまう

ランチョ・ラ・ブレアの動物たちが〝ミイラ取り〟の唯一の例というわけではない。

恐竜ファンに人気の肉食恐竜として「**アロサウルス**（*Allosaurus*）」がいる。約1億5000万年前のジュラ紀末期のアメリカに君臨していた覇者で、全長は8・5メートル。スマートな体つ

きが特徴だ。このページの左上にデフォルメされて描かれている。

アロサウルスの化石は、ユタ州にあるクリーブランド・ロイド発掘地で多産することで知られている。多産も多産。この地で発見される恐竜化石の約7割がアロサウルスのものであるという。繰り返すが、覇者級の捕食者が生態系の7割を占めるということは、まずあり得ない。

通常、密集して特定の種が化石として発見される場合、洪水などに巻き込まれた可能性が疑われる。その場合であれば、四肢はバラバラになり、骨にも傷がつく。しかし、クリーブランド・ロイド発掘地のアロサウルスには、そうした痕跡が確認されていないという。

そこで、ここでも、ミイラ取りがミイラになる、といった事態があったとみられている。先に少数の植物食恐竜が沼地に迷い込んで動けなくなり、それを狩りに来たアロサウルスも動けなくなり、そのアロサウルスが餌になって……というシナリオだ。

天然の罠（わな）といえよう。

こうして大量に化石となったということは、彼らがいかに〝楽な獲物〟に引き寄せられてしまったのかを物語っている可能性が高い。

ウマイ話は危険。まず「罠ではないか」と疑うことが大切。それは、絶滅オオカミも、肉食恐竜も、ヒトも変わりはない。

「たまたま持ってる」が思わぬ武器になるかも

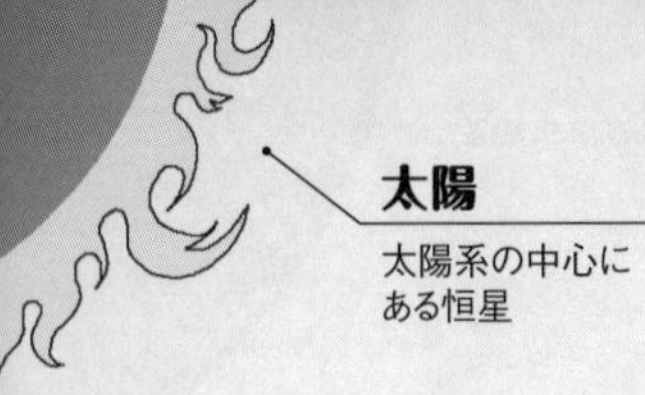

ピックアップ古生物

ワイマヌ

・ニュージーランドで化石発見

・最古のペンギン類

・見た目は鵜（う）に近い

ペルディプテス

・温暖期&温暖域でも体を温める

・ペルー北部から化石発見

読み解くキーワード

1 **突然変異と自然選択**

2 **上腕動脈網**

3 **始新世**（約5600万年前〜約3390万年前）

進化の基本は、突然変異と自然選択。

生きていく上で「便利だからこうなりたい」と思ったところで進化できるわけではなく、「突然変異」によって偶然獲得された特徴が、うまい具合に〝ハマる〟ことで生き残る（自然選択）。

一つの例を挙げれば、キリンの首は、高いところのものを取ろうとして長くなったわけではなく、突然変異によってたまたま長い首をもったものが、首の短い個体と比べて有利だったので、子孫を残してきたと考えられるわけだ。

ときに思わぬ突然変異が、子孫の役に立つ〝備え〟となることもある。

ペルディプテス

暑がっている

ペンギンをご存知だろうか？

いや、「知らない」という方には会ったことがないので、この鳥類はとても有名であることにはちがいないだろう。

水族館の人気者でもある「飛べない鳥類」のペンギン。野生の彼らの生息地は、南極圏とその周辺。言うまでもなく極寒の地と極寒の海だ。そんな極限環境で、彼らはヒョウアザラシやオタリア、シャチなどに襲われながらも、ときに数万羽、数十万羽という大集団をつくって生活している。

ペンギン類の歴史は古く、知られている限りでは約6100万年前まで遡ることができる。いわゆる「恐竜の絶滅」から500万年後というタイミングで、これは地球や生命の歴史から考えれば、「ごく短い期間」だ。そんな短期間で、すでにペンギン類の祖先が出現していた（ちなみに、鳥類は恐竜類の中の1グループなので、「ペンギン類は恐竜類の生き残り」と書くこともできる）。

圧倒的な個体数と6000万年を超える歴史。

ある意味でペンギン類は「進化の成功者」といえるかもしれない。

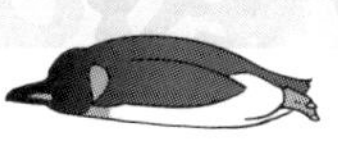

〝思わぬ進化〟が役に立つ

ペンギン類は、なぜ極寒の環境で生きていけるのだろう？

極圏の海には、氷山も浮かぶ。そんな海を自由自在に泳ぎ回ることができるのはなぜなのか？

大きなポイントとされるのは、彼らの血管がもつ〝システム〟だ。

その名は「上腕動脈網」。

上腕動脈網は、血管の束だ。その名の通り上腕……翼の付け根にある。この血管の束は、翼から心臓に戻る血液を温める役目を担っているのである。同様の血管網は下半身にも存在する。

この独特のシステムによって、ペンギン類は極寒の海でも体温を維持することができている。

しかし、その歴史の最初からペンギン類が上腕動脈網をもっていたわけではない。

ニュージーランドにある約６１００万年前の地層から化石がみつかっている〝最古のペンギン類〟の名前を「**ワイマヌ**（*Waimanu*）」という。

ワイマヌは体高90センチメートルほどのペンギン類で、現生種たちと比べるとクチバシや首が細長く、翼も細い。見た目は現生のウ（鵜）に近い。

２０１１年にオタゴ大学（ニュージーランド）のダニエル・Ｂ・トーマスたちが発表した研究によると、ワイマヌには上腕動脈網がなかったとみられている。約６１００万年前の地球は今よりも温暖だったから、このシステムは必要ではなかったのだろう。

トーマスたちの研究によると、上腕動脈網が確認できる最古のペンギン類は、南極大陸のシーモア半島にある約４９００万年前の地層から化石がみつかった「**デルフィノルニス**（*Delphinornis*）」であるという。

デルフィノルニスは全身が復元できるほどの化石がみつかっていないのでそのサイズや姿は不明だが、注目されたのは「約４９００万年前」という数値だ。この数値が示す時代の名前は「始新世」。始新世は、約６６００万年前（恐竜の絶滅の時期）から現在に至るまでの新生代において屈指の温暖期として知られている。シーモア半島といえども、海水温は15℃もあった。

デルフィノルニスだけではない。約４７００万年前に生息していた体高75センチメートルの「**ペルディプテス**（*Perudyptes*）」にも上腕動脈網が確認されている。約４７００万年前も始新世であり、しかもこのペンギン類はペルー北部から化石がみつかっている。

ペルー北部といえば、赤道までもう少しというところ。日本人にとって身近な国を例に挙げると、フィリピンやカンボジアなどがある緯度と同じだ。

オタゴ大学のＲ・イワン・フォーダイスとノースカロライナ州立大学のダニエル・Ｔ・セプカたちが２０１３年に『日経サイエンス』に寄稿した原稿によると、ペルディプテスは「地球史上最も暑かった時期の一つに、最も暑い地域に棲みついていた」ということになる。

デルフィノルニスもペルディプテスも、温暖期であるのにもかかわらず、上腕動脈網をもっていた。寒冷期向きのこのシステムが、温暖期にどのように役立っていたのかはよくわかっていない。トーマスたちは、温暖期であっても、長時間の水泳には上腕動脈網が役立ったとみている。水温が体温よりも高いわけではないからだ。

たしかにいえることは、上腕動脈網があったからこそ、地球が冷え込んだ時期に、冷え込んだ場所で生き抜く〝力〟をペンギン類はもつことになったということだ。

本項の冒頭で述べた進化の基本原則に従えば、ペンギン類の上腕動脈網は、必要だったから備わったわけではない。デルフィノルニスやペルディプテスの例が示しているように、たまたまもつことになった特徴である。

しかし、そんな〝思わぬ備え〟が、彼らの命運を決める一手となったわけだ。世の中、何が役に立つかわからないものである。

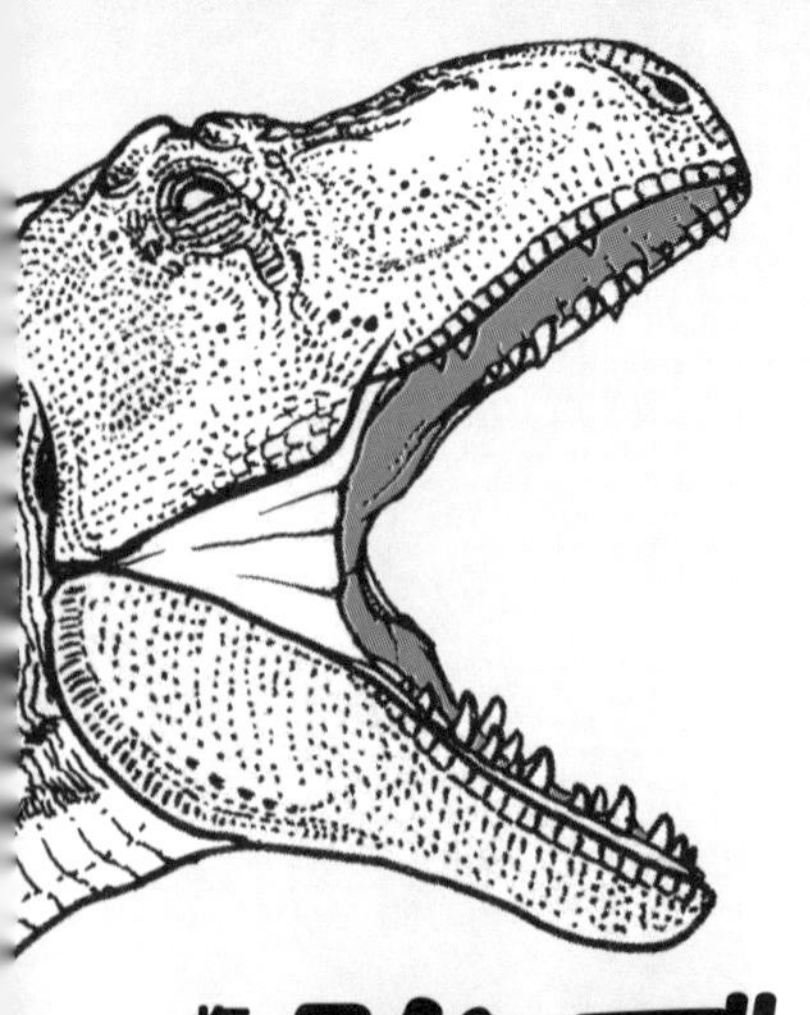

ピックアップ古生物

ティラノサウルス

・全長約13m、体重約9t
・歯の大きさは25cm超
・獲物を骨ごと噛み砕く

アノマロカリス・カナデンシス

・全長1mほど　・海のジャイアン
・巨大な複眼ゆえ獲物捕獲能力高い

デカいと強い！

悔しいけど、これが基本。でも……。

読み解くキーワード

1. 大きさと強さの相関関係
2. 地球における生物のサイズの変遷
3. 小型種だって負けていない

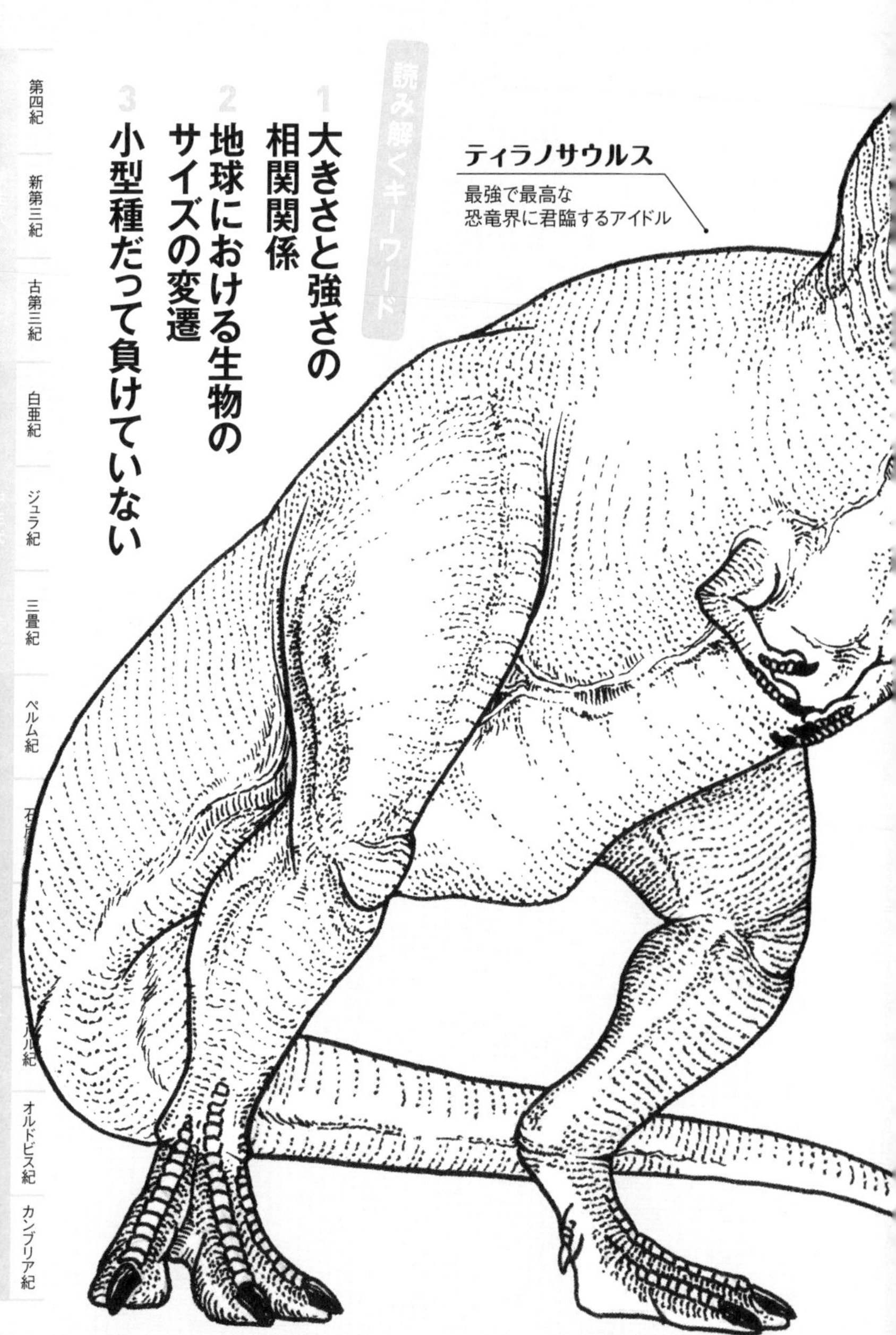

「ガキ大将」と聞いて思い浮かべるのは、どのような人物だろうか？

国民的アニメの『ドラえもん』（著／藤子・F・不二雄）。その作中に登場する「ジャイアン」こと剛田武がその典型的な姿だろう。高い身長にどっしりとした体つきで、強い腕っ節。その体つきは、同じ年齢であるのび太たちよりもひと回りもふた回りも大きい。

ジャイアンは典型例であるとしても、子ども社会においては、「大きさ」こそ「強さ」であることは往々にしてあることだ。脚の長さ、腕の長さ、手の大きさは、そのまま〝体育的視点〟で優位に立つ要素であり、体重はそのままシンプルに「強さ」に反映される。

もちろん個々の運動能力による差はあるとしても、「大きさ」は「強さ」の最も基本的な要素となる。

子ども社会だけではない。おとな社会……ビジネス社会においても、「大きさ」は「強さ」だ。就職活動中は「大企業に入れば安心」と期待して活動することもあるだろうし、実際に大企業はその資本力、組織力を生かして、中小企業にはできないことを進めることができる。存続の危機に陥ったとしても、公的資金の大規模注入などがなされることもある。

大きい、ということは、さまざまな点で〝強い〟のである。

生命の歴史において、「大きな強者」として、まず真っ先に例として挙げるべき動物は、「**ティラノサウルス**（*Tyrannosaurus*）」だろう。言わずと知れた肉食恐竜の代名詞的存在である。

その大きさは、全長約13メートルとも言われ、体重は約9トンに達したと見積もられている。

日本の小学校・中学校・高校の多くで使われている教室の大きさは、左右幅が7～8メートル、前後幅が8～9メートルだ。つまり、ティラノサウルスが日本の学校の教室におさまるためには、かなり柔軟にからだを曲げる必要がありそうだ。この長さは、知られている肉食恐竜の中では「最大」ではないけれど「最大級」だ。ちなみに、ティラノサウルスの腰の高さは3メートルを優に超えるので、そもそも教室に入るためには屈む必要がある。

重さという点でも、ティラノサウルスは最大級である。日本の物流を担う2トントラックで4～5台分という重量。これは大型の肉食恐竜の中ではかなり上位だ。

そんな大型肉食恐竜のティラノサウルスを特徴づけるのは、他種の追随を許さない大きな頭部である。前後の長さは1・5メートルを超え、幅も60センチメートル、高さも1メートルを超える。その両眼はしっかりと正面向きで配置されている。立体視が可能であり、獲物までの距離を正確に測ることができる大事な特徴だ。

がっしりとした顎には、長さ25センチメートル超の「削られていない鰹節」を彷彿させるような太い歯が並ぶ。25センチメートル超もの長さがあっても、その3分の2は歯根であり、しっかりと固定されていた。硬いものを食べても簡単には揺るがない。

２０１２年に、リバプール大学（イギリス）のＫ・Ｔ・ベイツとマンチェスター大学（イギリス）のＰ・Ｌ・フォーキンガムが、コンピューター解析によってティラノサウルスの顎の「噛む力」を算出している。その値は、実に３万５０００ニュートン（「ニュートン」は力の単位）。この値がどれだけトンデモナイものなのかといえば、同じ方法で計算された現生のアリゲーターの噛む力が４０００ニュートン弱であるという。ティラノサウルスは、アリゲーターの８倍以上の力があったわけだ。この値は、同時に計算された他の大型肉食恐竜と比べても突出している。

大きなからだ、大きな頭部が生み出す圧倒的な破壊力。

その力は獲物を骨ごと噛み砕くことができたとみられている。実際、ティラノサウルスのものとみられている糞化石（体積にして２リットルという巨大なもの）には、粉々になった植物食恐竜の骨の破片が含まれていた。

最大級にして最強の肉食恐竜。研究者はティラノサウルスのことを「超肉食恐竜」と呼ぶ。

まさに「大きいは強い」の体現者といえる。恐竜時代の最末期、アメリカの西部に君臨した覇者である。

〝史上最初の覇者〟も、やっぱり大きかった

生命史において、本格的な生存競争が始まったときから「大きい覇者」は存在した。

地球ができたのは、今から約46億年前。

知られている限り最古の生命の痕跡は、約39億5000万年前のものとも、約38億年前のものともされる。ただし、これらの「生命の痕跡」は、化学的なデータによるもの。〝生命がいなければありえない化学成分〟に基づくもので、その化学的なデータを残した生物が、いったいどのような姿をしていたのかは定かではない。

生物が存在した直接証拠である化石は、約35億年前のものが最古。それは、顕微鏡を使わなければ見ることができないサイズで糸のような姿をした水棲（すいせい）生物のものだった。

その後、海を舞台として進化を重ねながらも、生物のサイズは顕微鏡サイズを大きく超えることはほとんどなかった。

約5億7500万年前になると、突如として肉眼サイズの生物が出現し、その化石を残すようになる。この〝巨大化〟の原因に関しては、まだ有力といえるような仮説がない。

このとき出現した生物の大半は、あしやひれといった移動手段をもたず、また歯や顎といった攻撃手段ももっていなかった。現在の地球では常識の「食う・食われる」という弱肉強食の生存競争は、この段階ではまだ本格的に始まっていなかったとみられている。

約5億2000万年前以後になると、動物たちはあしやひれといった移動手段や、硬い殻や鋭いトゲといった防御手段、歯や触手などの攻撃手段をもつようになった。

このころから、本格的な生存競争が始まったとされる。

このとき、海洋生態系の最上位に君臨した動物は、アノマロカリス類と呼ばれるものたちだ。このグループは、カナダから化石がみつかっている「**アノマロカリス・カナデンシス**(*Anomalocaris canadensis*)」に代表される。

アノマロカリス・カナデンシスは、楕円形(だえんけい)のからだの左右に多数のひれを並べ、頭部には大きな複眼を1対2個もつ動物である。頭部の先端には、内側にトゲがびっしりと並んだ大きな触手が2本あった。全長は1メートルほど。

この「1メートル」というサイズが、当時の海では破格だった。この時代のほとんどの動物は、全長10センチメートル以下。まれに10センチメートルを超えるものがいても、数十センチメートル以上のものはほとんどいない。

そんな世界で、1メートルもの大きさをもっていたのである。圧倒的な巨体といえる。なにしろ、触手だけで10センチメートルを超える。

アノマロカリス・カナデンシスとその仲間たちは、「史上最初の覇者」とみられている。

もっとも、「巨体だから、(私たちが勝手に)強いと考えているだけではないだろうか」という可能性も捨てきれない。

たしかに、私たちは生きているアノマロカリスを見たことはない。また、コンピューターによる口の形の分析などで、アノマロカリスは硬い獲物を食べることができなかったことが指摘されている。

果たして、本当に「〝大きい〟は、最初から強い」のか。

この問いに対しては、生きている姿を観察できない以上、正しい答えを用意することはできないのかもしれない。しかし、いくつかの「〝強い〟証拠」は挙げることはできる。

たとえば、眼だ。アノマロカリス類は巨大な複眼をもっており、そこにはびっしりと小さなレンズが並んでいた。その数は、少なくともある種では、1万6000個以上。

複眼のレンズの数は、デジタルカメラでいうところの画素数に相当する。数が多ければ多いほど、対象の姿を正確に捉えることができる傾向にある。

動物の形を正確に捉えることができれば、その弱点もわかる。何よりも、画素数が多い方が、高速移動する獲物も捕捉しやすい。

レンズの数が1万個を超える複眼をもつ動物は、現生種にはほとんどいない。一つ挙げるとすれば、2万個以上のレンズをもつトンボがいる。トンボは、飛行する獲物を飛行しながら狩るという、昆虫の世界で屈指の狩人だ。トンボほどではないにしろ、アノマロカリスも動き回る獲物を捕捉することは十分可能だったとみられている。

さらにアノマロカリスの複眼は頭部に直接ついていないという点もポイントだ。頭部から短い柄が伸びていて、その柄の先に複眼がついている。そして、この柄が可動式とみられているのだ。すなわち、柄を左右に倒せば視界が広がり、獲物の探知が容易になる。

柄を前に倒せば、左右の複眼の視界が重なることで立体視が可能となり、獲物までの距離を正確に測ることができる。これは狩人として大切で重要な特徴といえる。

硬い獲物を噛むことはできなくても、硬くない獲物もたくさんいる。大きな複眼をもつこの大型動物は、やはり「史上最初の覇者」といえるだろう。

「大きいは強い」は、生存競争開始当初からの〝ジョーシキ〟だったのだ。

小粒はピリリと辛い

さて、筆者は小柄である。小中学校の〝背の順整列〟で、先頭と2番目以外になったことはない。中学校のプールでは、足が届かずに溺れかけたことがあったし、現在でも満員電車に乗ると頭越しに吊り革をつかまれたりする。そして、現在はサイエンスライターという個人事業主として活動中だ。大企業とは対極にある、バリバリのフリーランスである。

そんな筆者にとって、「大きいは強い」という結論だけで本項を終えるということは、正直なところとても残念（癪）だ。そこで最後に「でも、生き残るのは〝小さいもの〟」という話をしておきたい。

史上最初の覇者としてアノマロカリス類が繁栄したときに、全長2～3センチメートルで、歯も顎ももたず、ひれも発達していないという海洋動物がいた。見るからに生態系の弱者であるその動物は、魚である。私たちの遠いご先祖様だ。

アノマロカリス類はその後も大型化を続け、約4億8000万年前には全長2メートルの大型種も出現するが、実はその後、急速に〝弱体化〟していく。最終的には、約4億年前の種を最後に姿を消した。

一方、魚はその後も長い命脈を保ち、多様化を遂げ、やがて海洋生態系の頂点に君臨するようになり、そして今日に至る。

ティラノサウルスもそうだ。約6600万年前にティラノサウルスは滅んだ。しかし、同じ獣脚類というグループから進化を遂げた鳥類は、小型・軽量種がほとんど。彼らは約6600万年前以降も子孫を残し、そして現在では制空権を握っている。

大きいは強い。しかし、最後に〝勝つ〟のは、小型種なのだ。

山椒（さんしょう）は小粒でも、ピリリと辛いのである。

絶滅とか生き残りとか、結局は運

……だから考えすぎずに生きる

ピックアップ出来事

地球に衝突した小惑星

- 約6600万年前
- 惑星の長径は10㎞ほど
- メキシコのユカタン半島沖に落下
- 衝突速度は時速7万2000㎞
- 落下地点周辺の気温は1万℃超

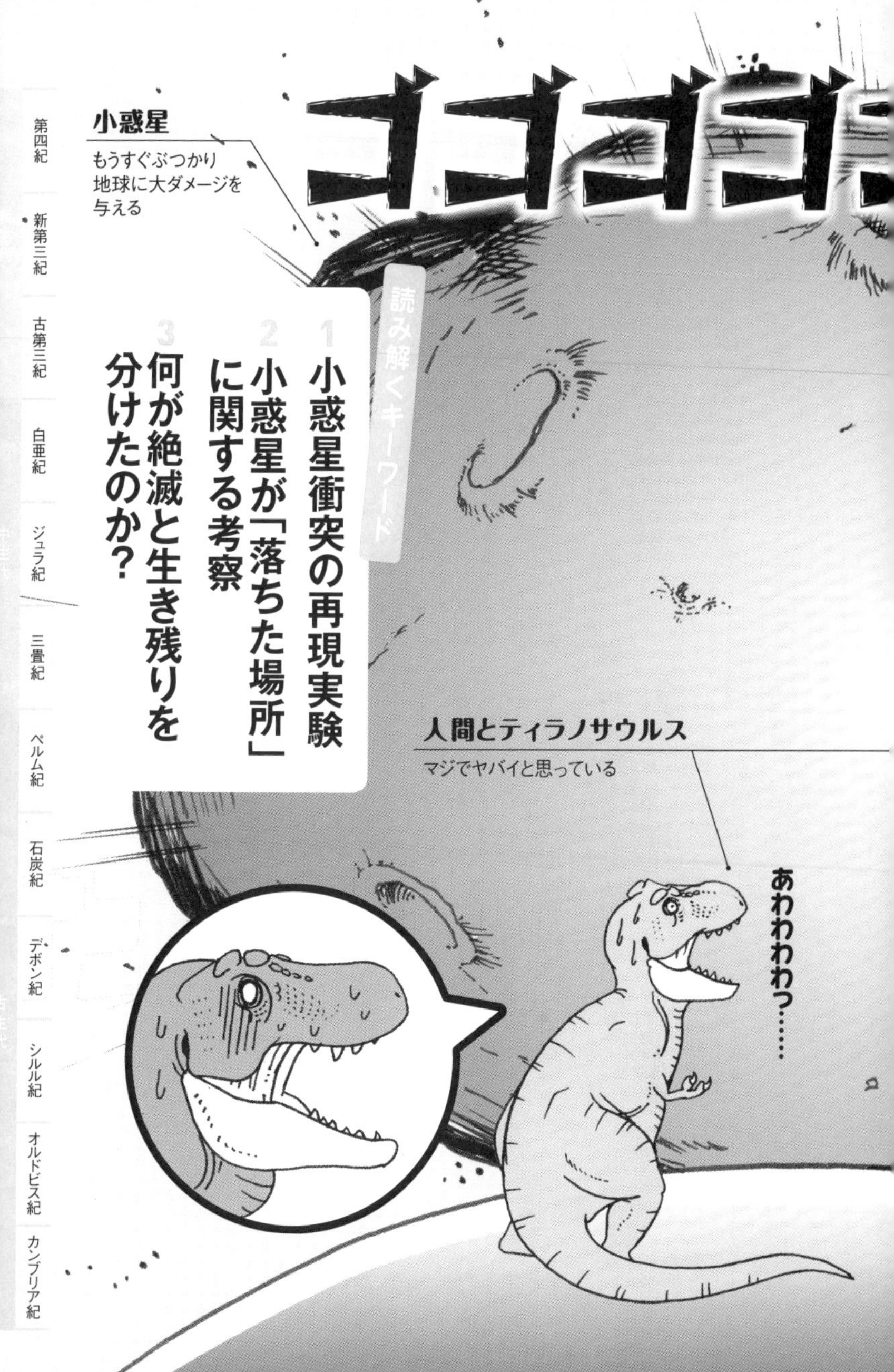
小惑星
もうすぐぶつかり地球に大ダメージを与える
読み解くキーワード
1 小惑星衝突の再現実験
2 小惑星が「落ちた場所」に関する考察
3 何が絶滅と生き残りを分けたのか?
人間とティラノサウルス
マジでヤバイと思っている
あわわわわっ……
第四紀
新第三紀
古第三紀
白亜紀
ジュラ紀
三畳紀
ペルム紀
石炭紀
デボン紀
シルル紀
オルドビス紀
カンブリア紀

恐竜類の出現から約1億6000万年。「陸上動物史上最強」とされる肉食恐竜「**ティラノサウルス**（*Tyrannosaurus*）」が出現した。大きくがっしりとした顎が生み出す破壊力は、古今の陸上肉食動物の中で圧倒的であり、また優秀な嗅覚をもっていたことなども指摘されている。他種の追随を許さない優れた〝肉食性能〟をもつこの恐竜は、「超肉食恐竜」とも呼ばれる。

ティラノサウルスだけではない。約6600万年前、恐竜たちはなお繁栄の途上にあった。たとえば、2019年にインペリアル・カレッジ・ロンドン（イギリス）のアルフィオ・アレッサンドロ・キアレンツァたちが発表したコンピューター解析結果は、恐竜たちがさらなる多様化を遂げる可能性があったことを示している。

陸の恐竜類だけではない。空には翼竜類、海では全長10メートル超級の種を擁するモササウルス類などが生態系の上位を占めていた。

大型で迫力のある動物たちの世界。それは永遠に続く気配さえみせていた。

しかし、一つの小惑星が歴史を大きく変える。

約6600万年前、長径10キロメートルほどの小惑星が、メキシコのユカタン半島沖に落下したのだ。

長径10キロメートルといえば、それは東京を走る山手線の長径に相当する大きさだ。池袋駅と品川駅の直線距離が、ほぼ10キロメートルである。山手線の内側と同等以上の大きさの小惑星が

落ちてきた、と考えてもいいかもしれない。ちなみに、大阪環状線の場合、弁天町と京橋の直線距離が7キロメートルとちょっと。名古屋では名城線の大曽根と新瑞橋の直線距離が8キロメートルとちょっとだ。大阪環状線内、名城線内はすっぽりと小惑星におさまるサイズといえる。

この小惑星衝突に関しては、千葉工業大学の後藤和久が2011年に著した『決着！恐竜絶滅論争』（岩波書店）に詳しい。同書によると、小惑星の衝突速度は時速7万2000キロメートルに達したという。2分もあれば、札幌から沖縄まで到達するというスピードだ。

この衝突がもたらした衝撃はマグニチュード11以上と推測されている。2011年の東北地方太平洋沖地震のマグニチュードが9・0である。マグニチュードという単位は、1上がると規模が約32倍になる。すなわち、東北地方太平洋沖地震の32倍の32倍以上。つまり、1000倍以上の衝撃が地球を襲った。そのエネルギーは、広島型原爆の10億倍とも言われており、落下地点周辺の気温は、瞬く間に1万℃を超えたとされる。

衝突場所の大部分は海だったため、津波が発生した。その津波がどこまで届いたのかは今なお謎が多いけれども、遡上高は300メートルに達したと見積もられている。現代日本でいえば、東京タワーの先端近くの位置まで、津波が駆け上ったことになる。

本当の恐ろしさは、灼熱（しゃくねつ）状態がやみ、津波がおさまったのちにやってきた。

衝突によって吹き飛ばされた地殻表層が細かな粒子となって、大気中に舞い上がり、太陽光を遮るようになったのだ。

結果として、地球の日射量が大幅に低下し、気候は寒冷化した。この現象は「衝突の冬」と呼ばれている。

衝突の冬が続いていた期間に関しては議論があるけれども、寒ければ植物が育たなくなる。植物の絶対量が減れば、植物食動物も減少し、植物食動物が減少すれば肉食動物も減る。

こうして次々と多くの動物が姿を消していった。この大事件によって、約1億8600万年間続いた中生代という時代は幕を下ろすことになる。

当たりどころが悪かった

山手線サイズの小惑星の衝突が、「すべての原因だった」という見方に対して、近年はシナリオに〝多少の変更〟が提案されている。

まず、小惑星衝突説が、中生代末の大量絶滅事件の最有力仮説であるということは揺るぎない。そもそもこの仮説は1980年に発表され、その後の研究でこの仮説を支える多くの証拠が発見されている。こうした証拠のいくつかは他の仮説でも説明することができるものの、すべての証拠を説明できる仮説は、小惑星衝突説のほかにはない。

しかし、小惑星衝突説にも〝弱点〟がある。たとえば、海棲(かいせい)動物への影響だ。

中生代末の大量絶滅事件では、さまざまな海棲動物が滅んでいる。前述の衝突の冬のシナリオは、陸上動物の絶滅を語ることはできるが、海棲動物にも適応できるのかどうかは議論があった。また、ほとんどの恐竜類が滅ぶ中で、その一構成員である鳥類が生き残ったこと、恐竜類と同じ爬虫類でありながら、ワニ類やカメ類、ヘビ類なども生き残ったこと、そして哺乳類も生き残ったことなど、何が明暗を分けることになったのかが不鮮明だったのだ。

2010年代以降の学界では、小惑星衝突説を前提として、その細部を詰めていく研究に注目が集まっている。

たとえば、2014年に千葉工業大学の大野宗祐たちが発表した研究では、小惑星衝突場所に硫黄を多く含む地層があったことが注目された。

大野たちは、超高強度パルス・レーザー装置と衝突場所にあったものと同じような組成をもつ岩石を用いて、室内実験で小惑星衝突の再現を試みた。その結果、小惑星衝突によって硫酸になりやすい物質が大気中にばらまかれていた可能性が指摘されたのである。

硫酸になりやすい物質は、大気中の水分とあわさって、酸性雨となる。大野たちの研究は、小惑星衝突時に数日間にわたって酸性雨が、全地球的に降り続いたことを示唆していた。

陸上の植物にとって、酸性雨は深刻な被害をもたらす。植物が枯れ、育たなくなり、絶対量を減らしていく。衝突の冬による日射量の減少とのダブルパンチが、陸上の生命を襲ったということなる。

一方、海の動物たちにも酸性雨は大きな影響を与える。大規模な酸性雨は、海を酸性化させてしまうのだ。

海洋生態系は、その底辺をプランクトンによって支えられている。プランクトンに始まる食物連鎖と生態ピラミッドが、海の動物たちの〝基盤〟なのだ。

そして、炭酸カルシウムなどでできているプランクトンのからだは、酸性環境で溶けやすい。結果として、海洋生態系はその底辺から揺るがされることになる。大規模な酸性雨は、海棲動物の大規模な絶滅を招く、というわけだ。

2016年に東北大学の海保邦夫たちが発表した研究によると、小惑星衝突は膨大な量の「すす」を発生させたという。衝突場所にあった地層には、大量の有機物が含まれており、小惑星衝突によってこの有機物が「すす」をつくり、大気中にばらまかれることになったとされる。

大気中のすすは日光を遮るため、寒冷化を招く。これは衝突の冬のシナリオと同じだ。しかし海保たちの研究によれば、この寒冷化は従来考えられていたほど厳しいものではなかった可能性がある。

海保たちは、寒冷化の影響は地球の緯度によって異なっていたと指摘している。すなわち、中高緯度地域では、大規模な気温の低下がみられるが、低緯度地域の気温はそれほど下がらなかっ

たというのだ。

では、低緯度地域の動物たちは生き残ることができたのではないか、といえば、そうではない。海保たちがすすの量などをコンピューターで計算した結果、低緯度地域では他地域の寒冷化に伴う乾燥化が進行し、やはり植物が枯れて、絶滅の連鎖が進んだという。

2017年、海保は気象庁気象研究所の大島長とともに、このシナリオに必要な量の有機物を含んでいる場所は、地球表面の13パーセントにすぎないという研究結果を発表している。たとえば、当時の日本付近や、アジア、アフリカ、インドなどの諸大陸内陸部に小惑星が衝突したのであれば、絶滅のシナリオを促進するだけの十分な量のすすが放出されず、恐竜類などが生き残った可能性もあるというのだ。

こうした一連の研究結果から、約6600万年前の大量絶滅事件は、小惑星の「落ちどころが悪かった」という一面がみえてくる。

硫酸やすすが発生しにくい場所に落ちていれば、地球の生命史はまた別の展開をたどったのかもしれない。

当時の動物たちにとっては、実に〝運〟のないことであった。空前の繁栄を誇った恐竜たちも、運には勝てなかったということなのかもしれない。

約6600万年前の大量絶滅事件によって、とくに地上世界は大きな変革を迎えた。生態系の上位にいた恐竜類の大部分が滅び、かわって哺乳類や、恐竜類の生き残りである鳥類が、その後の繁栄を築くことになる。

もっとも、哺乳類も鳥類も〝無傷〟だった、というわけではない。

国立科学博物館の冨田幸光たちが2011年に著した『新版　絶滅哺乳類図鑑』には、「中生代および現生の主な哺乳類グループの系統と多様性」と題された図が掲載されている。

その図には、中生代に出現し、中生代末まで命脈を保った哺乳類として、「単孔類」「真三錐歯類」「多丘歯類」「スパラコテリウム類」「基盤的岐獣類」「基盤的北楔歯類」「有袋類」「有胎盤類」と、合計8グループが挙げられている。

しかし、中生代末の大量絶滅事件を乗り越えたのは、このうちの半分にあたる「単孔類」「多丘歯類」「有袋類」「有胎盤類」だけで、さらに「多丘歯類」はその後ほどなく滅んでいる。

中生代に出現した哺乳類は、中生代の間に多様化し、その中には現生のムササビのように空を飛ぶ種や、ツチブタのように穴を掘る種、そして恐竜の幼体を襲って食べる種などが出現した。しかし、それらは中生代末に滅んだ真三錐歯類というグループに属していた。こうした生態の多

様性は、真三錐歯類の絶滅とともに一度リセットされた可能性がある。

中生代に一定の繁栄を得ていた各哺乳類グループが絶滅もしくは衰退し、「単孔類」「有袋類」「有胎盤類」だけが次代の繁栄を手にすることができた理由はよくわかっていない。

滅びた多くの哺乳類が卵生とみられているため、「子を胎内で育てることが功を奏したのではないか」との見方もある。しかし、単孔類は卵生であるし、有袋類は卵生ではないものの、生まれる子は未成熟な状態（発育がまだ十分ではない状態）だ。

なぜ、「単孔類」「有袋類」「有胎盤類」が中生代末の大量絶滅事件を生き残ることができたのかは、今なお謎なのだ。

鳥類に関しては哺乳類ほどの詳細なデータが残っていないものの（鳥類の骨は軽量化が進んでいるため、壊れやすく、化石に残りにくい）、やはり大打撃を受けた可能性が高いことが指摘されている。

大量絶滅事件を乗り越えた勝者とされる哺乳類や鳥類でさえ、「かろうじて生き残った」というのが真相なのかもしれない。

では、その生き残りを決めた条件は何だったのだろうか？　これも結局は、「運」なのかもしれないが、今後の研究の展開が期待される。

ハッタリが効かない相手もいる……と知っておくべき!?

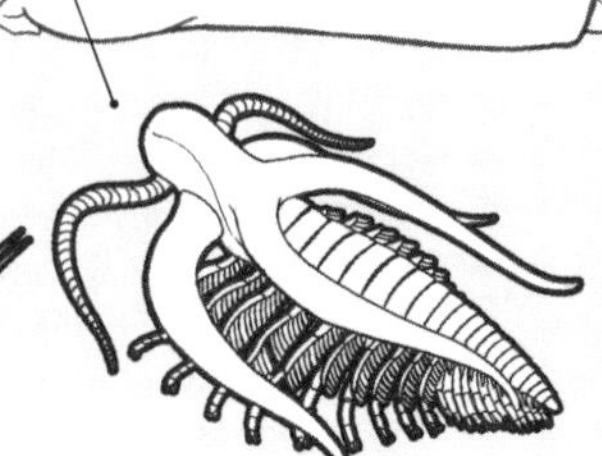

ピックアップ古生物

ディッキンソニア

- オーストラリアやロシアで化石発見
- 大きさは長径1㎝ほど〜1m超までさまざま
- どっちが前でどっちが後ろかよくわからない

ハルキゲニア

- 全長3㎝ほど
- 背中に2列のトゲ
- 7対14本のあしがある

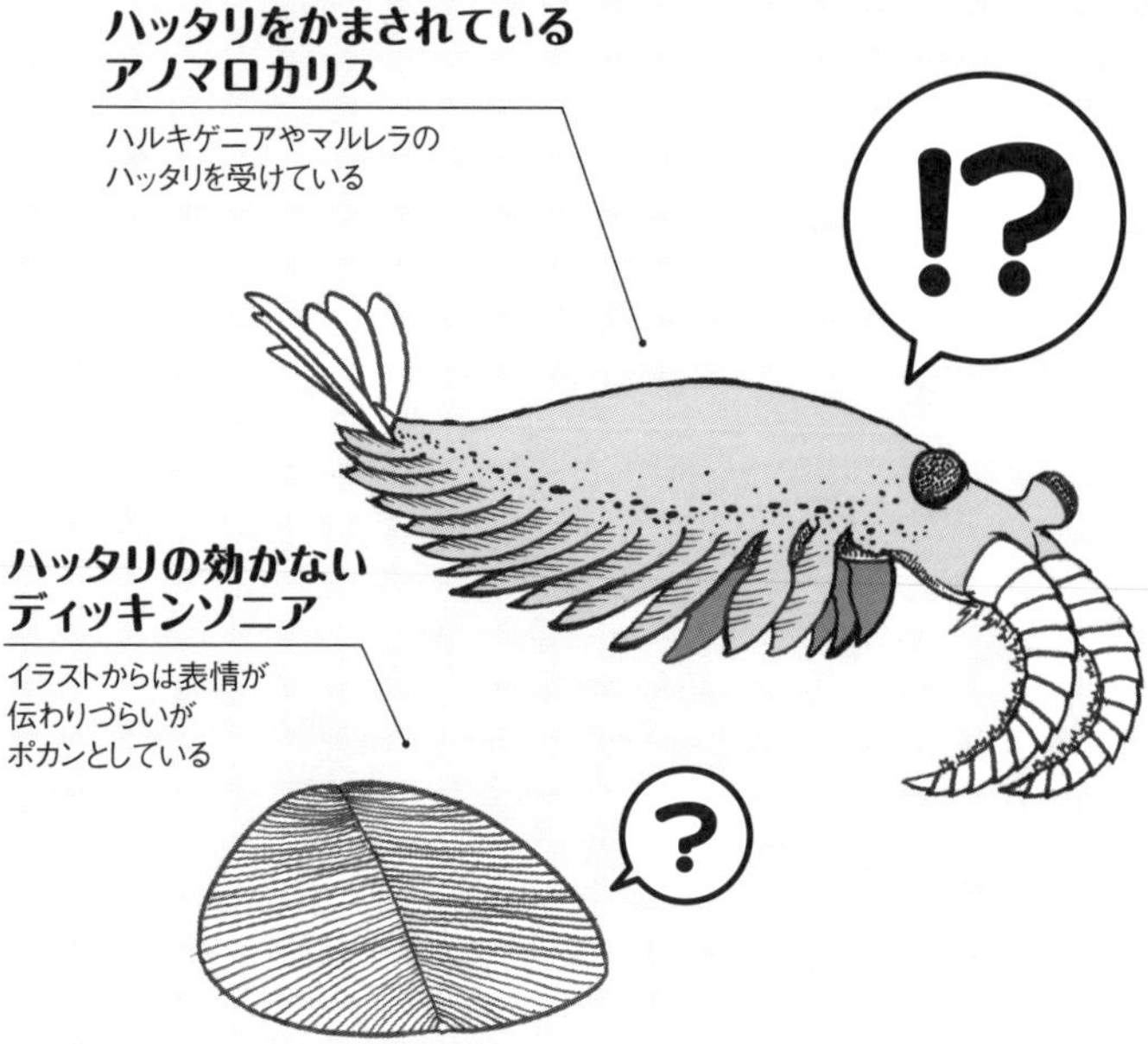

ハッタリをかまされている
アノマロカリス

ハルキゲニアやマルレラの
ハッタリを受けている

!?

ハッタリの効かない
ディッキンソニア

イラストからは表情が
伝わりづらいが
ポカンとしている

?

読み解くキーワード

1 エディアカラ紀の生物
（約6億3500万年前～約5億4100万年前）

2 カンブリア紀の生物
（約5億4100万年前～約4億8500万年前）

3 眼の誕生

シオマネキというカニがいる。オスの片腕にあるハサミが巨大化したカニだ。このカニは、攻撃的な状況下ではその大きなハサミを誇示するかのように大きく振る。

ヨーロッパヒキガエルというカエルがいる。天敵が近づくと、肺を空気で膨らませ、自分の姿を実際よりもずっと大きくみせる。

ガラガラヘビというヘビがいる。自らの身に危険を感じると尾端を振る。尾端には独自の音を発するしくみがある。

アカシカというシカの雄は、繁殖期に雌をめぐって争うとき、まず互いに唸（うな）り、そして、横に並んで歩く。どちらも自分の大きさを誇示する意味がある。

身近なところでは、イヌは牙をむき出して唸る。

これらは、いずれも「示威」や「威嚇」などと呼ばれる行動だ。有り体に表現してしまえば、「ハッタリ」である。

なぜ、動物たちはハッタリをするのだろう？

一つには、不要な戦いを回避するためである、とみられている。

１００パーセントの〝勝てる戦い〟であれば、自分の存在を誇示する必要はない。相手に気づかれず、先制攻撃を行い、〝倒して〟しまえばいい。

しかし、１００パーセントの勝利は、どんな世界でも得難いもの。とくに身体的特徴が似ている同種であれば、勝利したとしても、自分自身も傷を負う可能性がある。

自然界においては、ちょっとした怪我（けが）でも、のちに命に関わることがある。だから、「戦闘を回避する」ことができるなら、それが一番だ。

ただし、ハッタリに関しては、相手がその行動を「恐ろしい」と知っている必要がある。

シオマネキの大きなハサミは、ハサミが大きければ大きいほど破壊力がある……と相手が認識

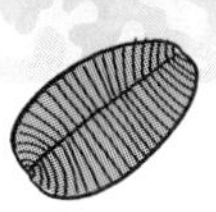

していなければいけない。イヌが牙をむき出しにする行為も、「牙」という武器を相手に認識させる必要がある。「鋭く太い牙は怖い」と相手が理解することが必要だ。ガラガラヘビが音を出すのは自分が他種とはちがって〝毒持ち〟であることを誇示するためとされるが、「ガラガラヘビには毒がある」という知識がなければ、単純に音を出しているだけだ。ヨーロッパヒキガエルやアカシカの大きさの誇示は、「大きいは強い」という動物界の大原則を示すためで、これも「大きいは強い」ということを知っている必要がある（p62「デカいと強い！」参照）。

ハッタリには、相手側の理解が欠かせないのだ。

ハッタリのない世界

生命の歴史を振り返ると、かつて「楽園」と呼ばれていた時代がある。

約6億3500万年前から約5億4100万年前のことで、「エディアカラ紀」という地質時代だ。

エディアカラ紀は、生命史上初めて本格的な肉眼サイズの生物群が確認されることで知られている。誕生以降、30億年以上も顕微鏡サイズだった生命は、この時代に初めて大型化した。

ただし、このエディアカラ紀の生物は、私たちが思い描く生物とはいささか趣を異にしていた。化石でみつかるほとんどの生物に、攻撃要素・防御要素のどちらも見当たらないのである。

それどころか、一定以上の速度で移動できた可能性も低い。

たとえば、「**ディッキンソニア**（*Dickinsonia*）」という生物がいた。エディアカラ紀を代表する生物で、その化石はオーストラリアやロシアなどから発見されている。

ディッキンソニアは楕円形のからだをもつ生物。からだを左右に分ける線構造が中軸部にあり、その左右に多数の節が並んでいた。その節が左右で連続しておらず、半個分ずつ前後にずれているという特徴がある。大きさは長径1センチメートルと一円玉の半分ほどのサイズから、長径1メートル級の大きな座布団サイズまでさまざまだ。

そして、ディッキンソニアには他にこれといった特徴がない。あしもひれもない。それどころか、口も眼もない。先ほど「前後にずれている」と書いたけれども、そもそもからだのどちらが「前」で、どちらが「後ろ」なのかがわからない。なんとも不思議な生物だ。研究者の間では「動物である」との見方が優勢だけれども、地衣類（藻類と共生する菌類）であるという見方さえある。

ディッキンソニアだけじゃない。

たとえば、「**トリブラキディウム**（*Tribrachidium*）」という生物は、サイズはマカロンほど、姿は小籠包（しょうろんぽう）を彷彿させる。この生物も、あしもひれも、口も眼もない。全長数センチメートルの「**パルヴァンコリナ**（*Parvancorina*）」という生物はひしゃげた扇のようなからだに「T字」のよ

うなつくりがあるけれども、やはりあしもひれも、口も眼もない。ともに、ディッキンソニア同様に、前後関係さえわからない。

例外的な存在もいる。その生物の名前は「**キンベレラ**（*Kimberella*）」。ムール貝のようなつくりを背負った生物で（ただし、形状がムール貝に似ているというだけであり、硬質ではない）、からだのまわりにはひれがあった。この動物は、自分のからだの一端に向けて海底をひっかいていたとみられる痕跡が発見されている。この痕跡は、海底にたまった有機物をかき集め、食べていたと解釈されている。有機物を食べる……つまり口があったということだ。大きさは長径15センチメートルほど。諸々の特徴から軟体動物（タコやイカ、二枚貝の仲間）と分類されている。

キンベレラのように分類群まで特定できる生物は、エディアカラ紀としてはかなり稀だ。ほとんどの生物が攻守に関するあらゆる〝武装〟を所持しておらず、高速移動の術ももっていない。すなわち、エディアカラ紀という時代は、まだ本格的な食う・食われるの食物連鎖が始まっておらず、みんなゆっくりと平和に生きていたとみられている。

この世界は、旧約聖書の「エデンの園」になぞらえて、「エディアカラの園」と呼ばれている。

相手が理解して初めて意味をなす

エディアカラ紀の次の時代を「カンブリア紀」という。その後、約2億8900万年間にわたって続く古生代という時代の最初の「紀」だ。年代は、約5億4100万年前から約4億8500万年前の約5600万年間。

この時代になると、動物たちは急にアクティブかつアグレッシブになる。

たとえば、「**ハルキゲニア**（*Hallucigenia*）」という全長3センチメートルほどの生物がいた。チューブ状のからだをもち、そのからだには7対14本のあしがあった。そして、そのあしと対応するように、背中にも2列のトゲが並んでいた。

たとえば、三葉虫類だ。圧倒的な知名度を誇るこのグループが出現したのもこの時代である。炭酸カルシウム製の硬質な殻をもち、種によってはその殻の縁に鋭いトゲを発達させ、そして殻の下には多数のあしが並んでいた。大きさは全長数センチメートルサイズの種が大半を占める。

「**マルレラ**（*Marrella*）」も紹介しておこう。全長2センチメートルほどで、頭部から左右と後方に向かって2対4本のツノが伸び、細いからだの下には多数のあしがあった。このツノは、現代のCDやDVDの裏面のように虹色に輝いたとみられている。

通常、ほとんどの場合において化石に色素は残らない。マルレラも色素が残っていたというわけじゃない。ツノに微細な凹凸があり、その凹凸が光を〝乱反射〟させたとみられている。色素によらないこの色は「構造色」と呼ばれている。カンブリア紀の生物には、構造色をもっていたとみられる動物がいくつも確認されている。

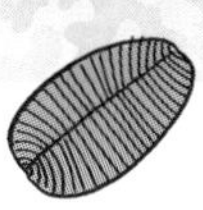

忘れてはいけないのは、この時代の動物の筆頭格である「**アノマロカリス**（*Anomalocaris*）」。大きなものでは全長1メートルに達する大型動物で、からだの両脇には多数のひれが並んでいた。頭部の先端には2本の大きな触手があり、その触手には鋭いトゲがあったことで知られている。

かくのごとく、カンブリア紀の動物たちは移動手段をもち、〝武装化〟が進んでいた。楽園と呼ばれるエディアカラ紀の生物。アクティブかつアグレッシブなカンブリア紀の動物たち。このちがいを生んだ理由は何だろう?

それは、「眼の誕生」だったとみられている。

ハルキゲニアのトゲも、三葉虫のトゲも、マルレラのトゲも、そのトゲが「危険である」と相手に認識されなければ、意味をなさない。マルレラの構造色も、相手が認識してはじめて意味をなすのだ。

そして、カンブリア紀を代表する捕食者であるアノマロカリスを筆頭に、この時代の動物たちには「眼」があった。眼の有無こそが、エディアカラ紀の生物たちとの大きなちがいであり、眼がある相手だからこそ、トゲなどの武装が意味をなす。

古生物学では、この眼の誕生が、カンブリア紀の動物たちの進化の背景にあったという仮説がある。この仮説は「光スイッチ説」と呼ばれ、大英自然史博物館のアンドリュー・パーカーが著書『眼の誕生』（邦訳版は、２００６年に草思社が出版）などで提唱した。

筆者は、かつて科学雑誌『Newton』の編集記者だったときに、パーカーにメール取材をしたことがある。そのとき、カンブリア紀の動物たちについて、パーカーが評した一言が実に印象的だった。

それは「armaments are ornaments」というもの。「武装は装飾」とでも訳すのが適当だろう。カンブリア紀に登場した動物たちがもつトゲなどの武装が、実際に防御用として役に立つかどうかは別として、「トゲがある」ということ自体が大切という考えである。

つまり、「ハッタリが大事」ということだ。

トゲがあるぞ。近づくと危ないぞ。近づくなよ。

そんなメッセージがトゲには込められているということである。

そしてこれは、相手が眼をもっていなければ意味がない。

ハッタリは相手が理解してこそ意味をなす。

人間社会でも同じだろう。

さまざまな場面でハッタリが重要であることは、古代中国の兵法書、『孫子』でも言及されている交渉事の基本。

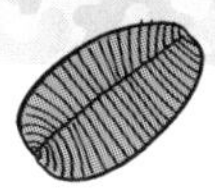

しかし、誰にでも使えるわけではない。ハッタリが意味をなすかは相手がそれを理解できるかどうかにかかっているのである。

進化の成功者は、フシギと似ている

……だったら真似すればいい!?

ピックアップ古生物

ステノプテリギウス

- ジュラ紀前期（約1億8000万年前）の魚竜類
- 全長約3・7m
- イルカ（哺乳類）にそっくり

読み解くキーワード

1 魚竜類
2 ウタツサウルス
3 収斂進化

生命の歴史をひもとくと、「よく似た姿（形）」の動物が登場することがある。

もちろん、近縁種であれば、よく似た姿の動物がいることは、ある意味で当然だ。たとえば、イヌとオオカミの姿はよく似ている。この2種類は、研究者によっては同種とみな

イルカ
水族館の人気者

ステノプテリギウス
イルカと似ているけど、爬虫類なの

されるほどの近縁だ。

ネコ、ライオン、トラ、ヒョウなどはみな「ネコ類」の一員。ちがいはサイズやたてがみの有無くらいで、姿そのものは互いによく似ている（p40「変われないなら、変わらなくてもいい」参照）。

哺乳類だけじゃない。

ワニ類のアリゲーターとクロコダイルもよく似ているし、カエル類のアマガエルとウシガエルだって、サイズは大きく異なるけれども、基本的には同じ姿をしている。

近縁であり、同じグループの一員であるということは、生物の設計図である遺伝子情報が似ているということだ。従って、近縁であればあるほど姿が似ることは、当たり前のことなのである。

しかし、グループのまったく異なる動物が、進化の結果として「よく似た姿」になることがある。

“出自”は関係ない

魚竜類というグループがある。

中生代三畳紀の冒頭、約2億4800万年前ごろに出現した海棲爬虫類で、その後、白亜紀の半ばにあたる約9000万年前まで命脈を保った動物群だ。「竜」という文字がついているけれ

ども、恐竜類とはまったく別で、近縁でもない。強いていえば、『ドラえもん　のび太の恐竜』の「ピー助」で知られるクビナガリュウ類に近い（クビナガリュウ類も恐竜ではない）。世界中で繁栄し、日本でもヨーロッパでもアメリカでも、その化石は発見されている。

出現当初の魚竜類は、トカゲの四肢がひれになったような姿をしていた。最古の魚竜類として知られている**「ウタツサウルス**（*Utatsusaurus*）」は、全長2メートルほど。細長いからだで、ひれとなった四肢をもち、尾の先には「三日月の下半分」のような、なんとも中途半端な形の尾びれをもっていた。ちなみに、「ウタツ」は、「歌津」であり、宮城県南三陸町の旧町名に由来する。すなわち「最古の魚竜の化石」は、日本産なのだ。

この〝独特の姿〟から始まった魚竜類は、数千万年にわたる進化を重ね、やがてトカゲのイメージを捨て去ることになる。

たとえば、約1億8000万年前のジュラ紀前期に現れた全長3・7メートルほどの「**ステノプテリギウス**（*Stenopterygius*）」は、円錐形（えんすいけい）のからだにひれとなった四肢をもち、背中には三角形の背びれがあり、尾の先には三日月形の尾びれをもっていた。口先は前方に向かってスッと伸びる。その姿は地上を這（は）い回るトカゲとは程遠い。どちらかといえば、サメみたいな姿だ。

魚竜類そのものは、白亜紀の半ばに姿を消したけれども、現在の海にはよく似た動物がいる。円錐形のからだにひれとなった四肢をもち、背中には三角形の背びれがあり、尾の先には三日月のような形状の尾びれをもち、口先は前方に向かってスッと伸びる。

その動物とは、小型のハクジラ類……つまり、イルカの仲間だ。

イルカの仲間と魚竜類は、尾びれの向きが水平であるか、それとも垂直であるかのちがいがあるくらいである（もちろん、学術上は細部にいくつものちがいがある）。

しかし、イルカの仲間は哺乳類。私たちヒトと同じグループの一員で、爬虫類である魚竜類とは根本的に系統が異なる。現在では、爬虫類と哺乳類は系統的に連続しないと考えられており、両者が袂を分かったのは3億年以上前のことだ。

それにもかかわらず、見た目は「そっくりさん」なのだ。

魚竜類もイルカの仲間も、海洋を泳ぎ回るタイプの〝水棲生活者〟。水の抵抗を極力排し、そして、効率よく泳ぐことが大切。そのため、似たような姿に進化したということになる。

外面だけではなく内面も

魚竜類とイルカの仲間の類似性。

それは、「姿」だけではなかったということも指摘されている。

2018年、ルンド大学（スウェーデン）のヨハン・リンドグレンたちがステノプテリギウスの〝凄（すさ）まじく保存の良い化石〟を分析し、その結果を報告した。

〝凄まじく保存の良い化石〟というものがどういうものなのかといえば、通常では化石に残らない細胞レベルの情報が保存されていたという。

リンドグレンたちの研究では、ステノプテリギウスの背中側の体表は色が濃く、腹側の体表は色が薄かったことが指摘された。

イルカの仲間などとよく似た配色ということだ。

背中側が濃く、腹側が薄いというこの配色には、もちろん意味がある。背中側が濃いと、自分よりも浅い海を泳ぐものが下を見たときに姿が認識されにくい。そして腹側が薄いと、自分よりも深い海を泳ぐものが上を見たときに姿が認識されにくいのだ。

獲物を狩る際にも、天敵から逃げる際にも、とても役立つ特徴といえる。

また、一定の浮力と体温を保つための皮膚下脂肪が魚竜類にあったことも指摘された。この皮膚下脂肪は、イルカの仲間にもある。

つまり、爬虫類である魚竜類と、哺乳類であるイルカの仲間は、姿だけではなく、体表や体表下もよく似ていたことになる。

同じ姿が〝成功〟の鍵に

異なる動物群が進化の結果として似た姿になる。これを専門用語で「収斂進化（しゅうれんしんか）」、あるいは単純に「収斂」という。

収斂進化の背景にあるのは、同じ環境で同じように生きている、ということだ。同じ環境で同じように生きることに最適な形。その形に外も中も似せるように進化したことになる。

そして収斂進化の結果、魚竜類は大繁栄したし、イルカの仲間は現在進行形で繁栄している。魚竜類もイルカも、意識的に真似をしたわけではなく、あくまでも進化の結果として自然に同じ形に行き着いた。

〝優れたスタイル〟は限定されるということだ。現代人ならば、自分から優れたスタイルを見極めて真似することで、意図的に〝収斂〟させることもできるはず。

2
"怠け者"の凄
万年前～約3億5900
ば、タコやイカ

無気力だって立派な生存戦略！

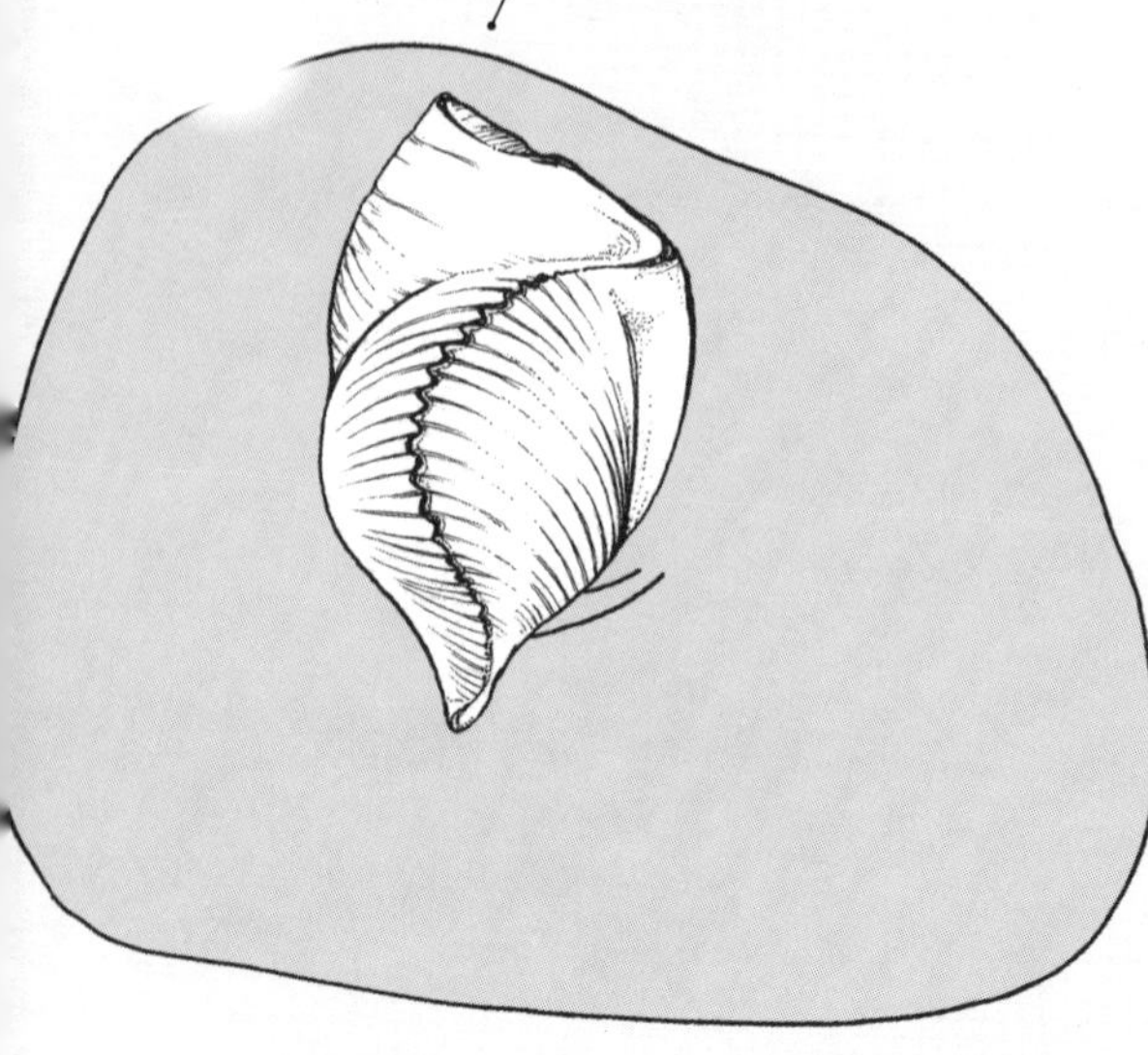

ピックアップ古生物

パラスピリファー

・最大で横幅6㎝ほど
・最小の動きで食にありつく

ワーゲノコンカ

・スコップみたいな形
・最小の動きさえせずに食にありつく

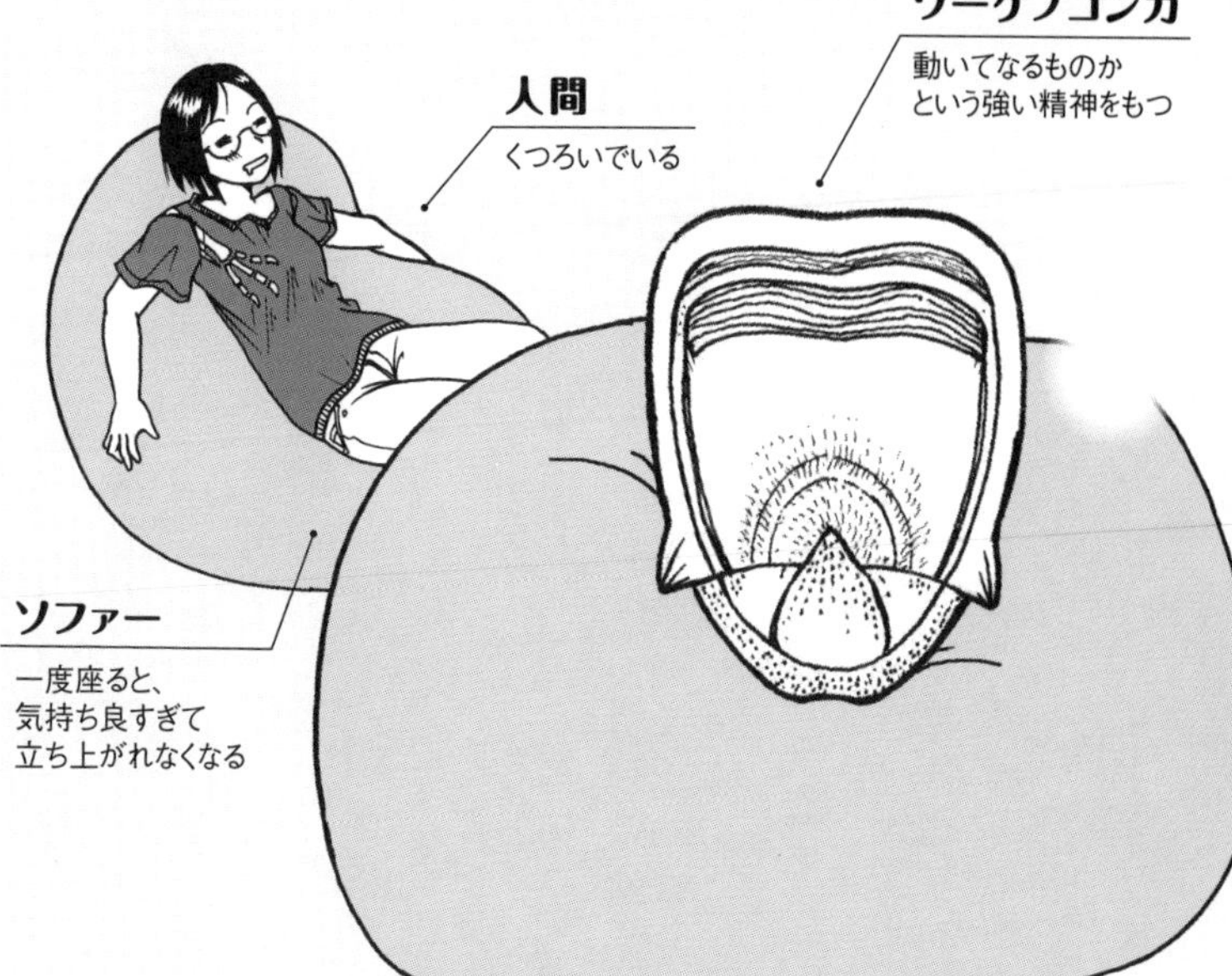

読み解くキーワード

1 **デボン紀**
（約4億1900万年前〜約3億5900万年前）

2 **腕足動物**

3 **〝怠け者〟の凄み**

一般に「軟体動物」といえば、タコやイカ、古生物でいえばアンモナイトなどが挙げられる。これらの動物は、軟体動物の中にある「頭足類」というグループの構成員だ。

そして、ある意味でタコやイカよりも日本人に身近といえる、アサリやシジミも軟体動物である。今朝の味噌汁に入っていた。そんな読者も多いのではないだろうか。ホタテ、ハマグリ、カキも軟体動物。これらは、「二枚貝類」というグループをつくっている。

二枚貝類は文字通り、2枚の殻をもつ動物だ。その殻をよく見ると、1枚の殻は左右非対称になっていて、対になる殻とは左右対称となっている。殻の中には、貝柱や内臓などがみっちりと詰まる。

生命史の視点に立てば、二枚貝類は成功者だ。4億7000万年以上の歴史をもち、水さえあれば、海水、淡水、汽水のどこにでも生息している。現生種数は3万種に達するともいわれ、日本分類学会連合のWEBサイトによると日本周辺だけでも1000種超が生息しているという。

さて、前置きが長くなったが、本項で紹介するのは、そんな成功者の話ではない。成功者とよく似た姿をもち、かつて大繁栄した動物群である。

その動物群の名を「腕足動物」という。

無気力を極める、ということ

腕足動物はそれだけで〝独自のグループ〟をつくる動物だ。〝分類のレベル〟でいえば、軟体動物と同格。ともに「門」という単位をつくる。同じ門レベルには、節足動物（昆虫やカニなどが属する）や脊索動物（すべての脊椎動物が属する）などがある。

腕足動物の見た目は、一見すると二枚貝類とよく似ている。2枚の殻をもち、それが蝶番（ちょうつがい）や筋

肉でつながっている。

ただし、よく見るとその殻にちがいがある。二枚貝類の1枚の殻は左右非対称だったけれども、腕足動物の1枚の殻は左右対称だ。そして、二枚貝類の2枚の殻は左右対称だったけれども、腕足動物の2枚の殻は左右非対称である。

腕足動物と二枚貝類の内部のつくりは外見以上に異なる。腕足動物の内部では、石灰質の骨格が螺旋(らせん)構造をつくっていて、そこに触手が並んでいる。この触手で水中の有機物を捕らえ、食べる。

歴史的には二枚貝類と同等以上の古さをもつけれども、腕足動物の現生種ははるかに少なく380種ほどである。日本周辺では、有明海で採れる珍味のミドリシャミセンガイが腕足動物だ。

現生種数では二枚貝類に遠くおよばない腕足動物だけれども、化石種は5万種を数える大動物群である。そのほとんどは、古生代（約5億4100万年前から約2億5200万年前）のもので、とくにデボン紀（約4億1900万年前から約3億5900万年前）に大繁栄した。

デボン紀の腕足動物の中で、最も高い多様性を誇ったのは、「**パラスピリファー**（*Paraspirifer*）」に代表されるスピリファーの仲間だ。パラスピリファーは最大で横幅6センチメートルほどの大きさで、船の竜骨（キール）のように前方に湾曲した殻をもつ。

腕足動物の研究といえば、日本では新潟大学の椎野勇太によるものがよく知られている。椎野はパラスピリファーの独特の形状に注目し、コンピューターシミュレーションによって、竜骨のように見える殻構造の意味を明らかにしている。

この研究によると、竜骨状の突起は、殻の中に水流を取り込むことに大いに役立つという。殻口を少し開けるだけで、殻の周囲の水流を変化させ、周囲の水を自然に取り込むことができるというのだ。しかも取り込まれた水は殻の中で自然に螺旋を描く。この螺旋の水流は、触手の並ぶ螺旋構造とフィットする。つまり、パラスピリファーは、わずかに口を開けただけで、食にありつけるというわけだ。

椎野はこれを「究極の無気力戦略」と呼ぶ。

究極の無気力戦略のさらなる極めつけというべき腕足動物が、古生代の最後の時代であるペルム紀（約2億9900万年前から約2億5200万年前）に出現した。

その名前は「**ワーゲノコンカ**（*Waagenoconcha*）」。サイズはパラスピリファーと似たようなものだけれども、こちらはまるで雪かきに使うスコップのような姿をしていた。2枚の殻に厚みはなく、開閉軸付近には小さな三角形の突起がある。殻の内部には、パラスピリファーのような螺旋状に並ぶ触手はなく、背側に薄い濾過器官（ろか）があるのみだ。

この殻の形状が独特で、あらゆる方向の水流を（弱いながらも）自然に殻の中へ取り込んでいく。つまり、ワーゲノコンカは「ただそこにいるだけ」で、餌が運ばれてくる姿をしていたので

ある。

無気力というべきか、怠け者の極致というべきか。ある意味で凄まじい生き方といえよう。

当然のごとく終わりは来る

ペルム紀末に空前絶後の大量絶滅事件が発生し、海洋生物種の8割以上が姿を消した。

無気力の極致にあった腕足動物は、（当然のごとく）この大事件を無事に乗り切ることはできなかった。ワーゲノコンカの仲間は姿を消し、パラスピリファーの仲間も数を激減させ、やがて滅んでいく。海洋生態系における「水底に暮らす、殻をもった動物」という〝立ち位置〟は、腕足動物から二枚貝類へと移り変わることになる。

無気力戦略に特化した腕足動物は、環境の変化に耐えることができなかったのだ。もちろん、現生種もいるので、このときに完全に絶滅したわけではない。それでも、二度とこの〝怠け者〟が生態系で優位に立つことはなかった。

……もっとも、視点を変えれば、「それでも、完全絶滅はしなかった」ともいえる。現在の地球にも腕足動物は、約380種が生き残っている。

衰退しつつも、意外としぶとい。これもまた、〝怠け者の仲間たち〟の一つの結果ともいえるのかもしれない。

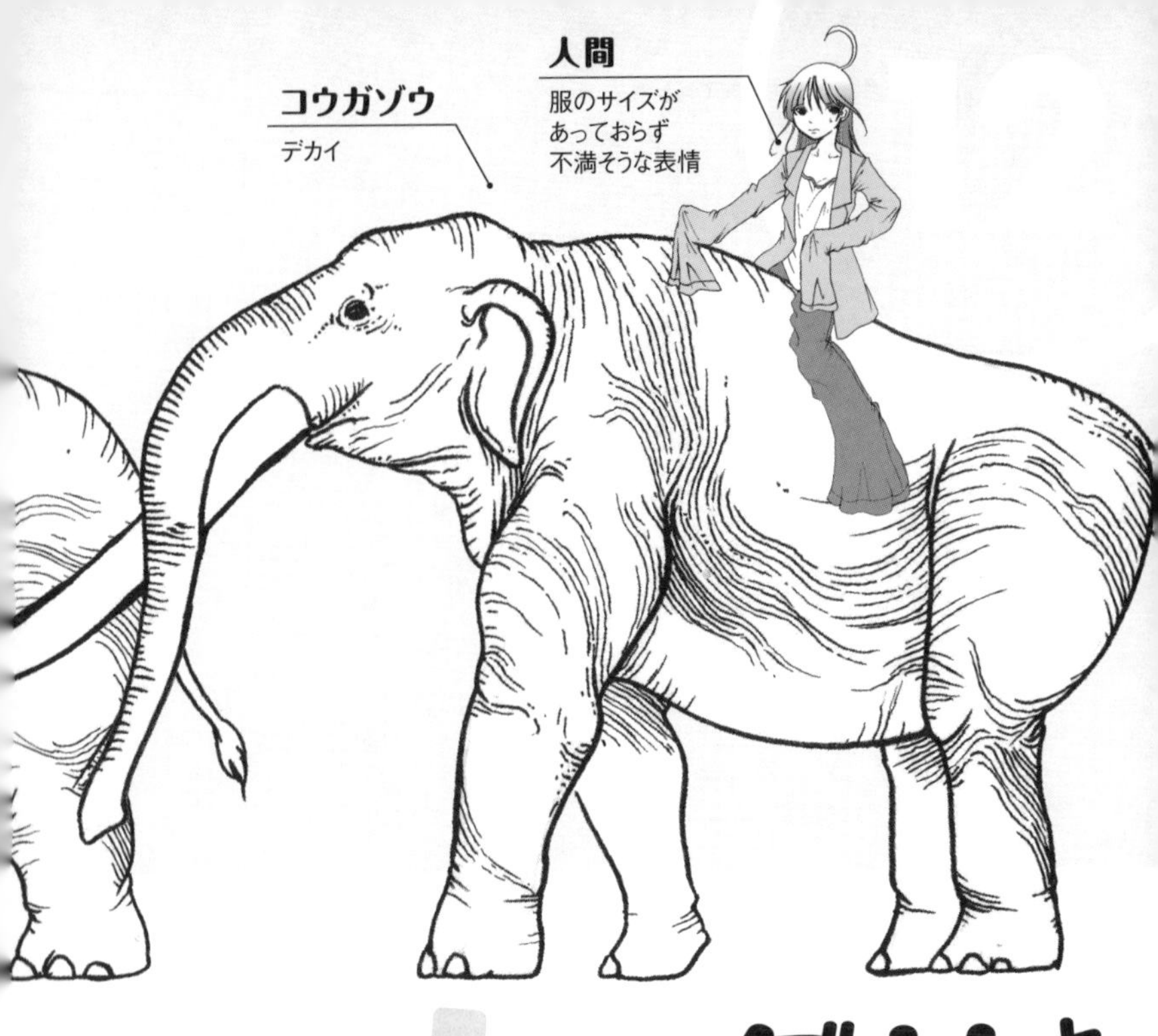

ときには、あえて サイズダウンする

……身の丈にあわせて生きればいいじゃん

ピックアップ古生物

コウガゾウ

- 学名「ステゴドン・ズダンスキィ」
- ケナガマンモスより大きい
- 約600万年前〜約500万年前

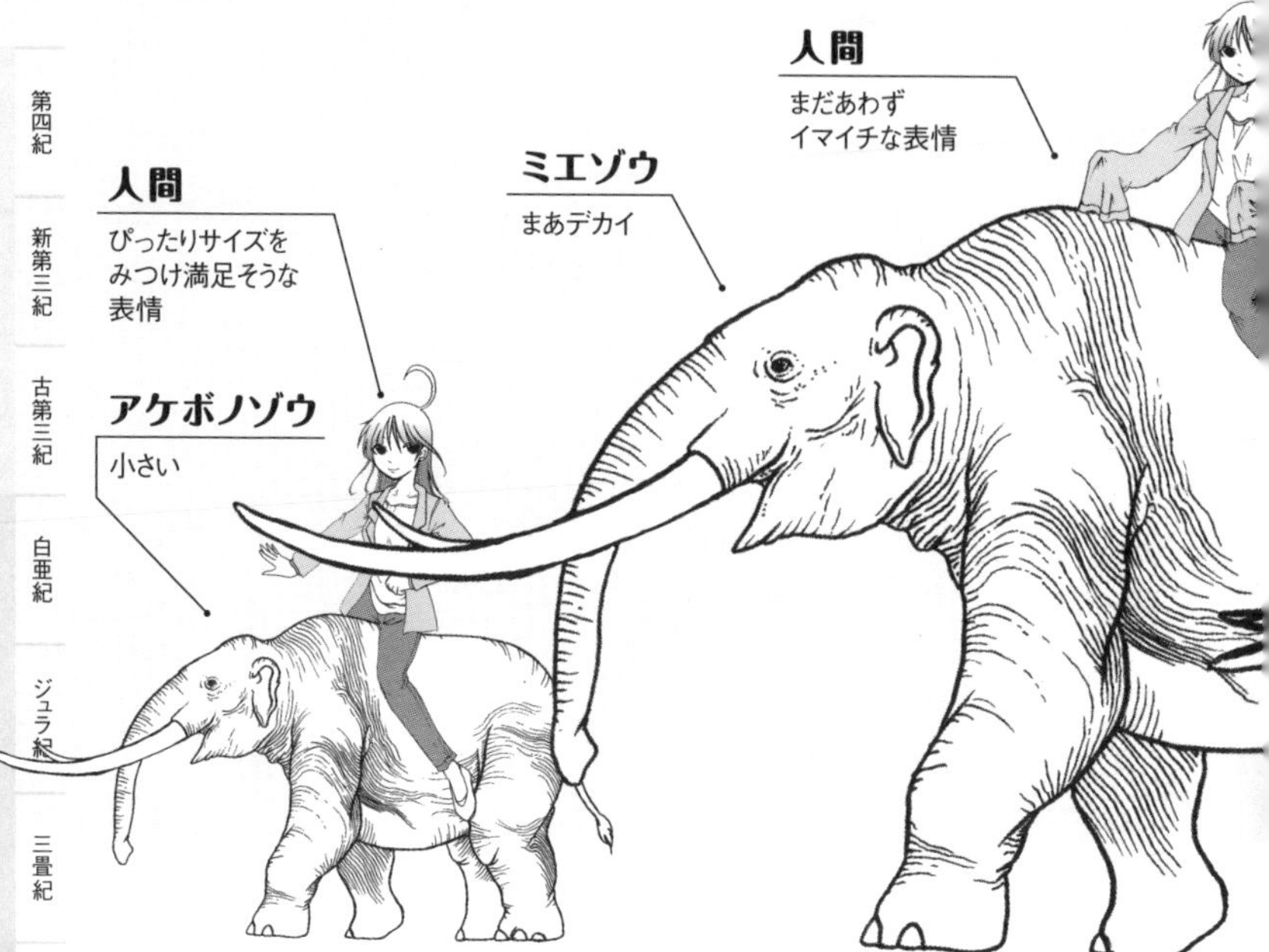

ミエゾウ

- 学名「ステゴドン・ミエンシス」
- コウガゾウよりやや小さい
- 約400万年前

アケボノゾウ

- 学名「ステゴドン・オーロラエ」
- ヒトの身長と同じくらい（＝小型）
- 約200万年前

読み解くキーワード

1 長鼻類
2 環境にあわせた小型化で生き残る
3 デイノガレリックス

紀元前の中国には「春秋時代」「戦国時代」と呼ばれる戦乱の時代があった。この時代、多くの思想家が登場し、中国はもとより、アジア、世界へと影響を与えていく。

そうした思想家の中に、道教の創始者とされる老子がいる。

他の思想家と同じように、老子も多くの言葉を残している。その中で、次の一節を紹介したい。

知足者富(『老子』〈岩波文庫〉より)。

思想家の言なので、このたった4文字に対しても、さまざまな解釈が存在する。文字通りの解釈をする場合は、「(己の)満足を知る者は富む」となるだろう。

これは人間だけの話ではない。長い生命の歴史には、〝身の程〟にあわせるかのように進化を遂げ、子孫を残すことに成功したグループがいくつもある。

たとえば、ゾウの仲間だ。

小さな現場に、大きなからだはいらない

長鼻類というグループがある。「長い鼻」という文字が示すように、ゾウの仲間で構成されるグループだ。現在の地球にいる長鼻類は、サハラ砂漠以南の森林とサバンナに暮らすアフリカゾウ、アフリカ西部と中央部に暮らすマルミミゾウ、インドと東南アジアの森林や草原に暮らすアジアゾウの3種のみ。しかし、かつては多くの長鼻類がいた。いわゆるマンモスや、ナウマンゾ

ウなども長鼻類である。

長鼻類は大型種が多い。

現生3種のうちで最大のアフリカゾウは、肩高4メートルに達し、体重は最大7・5トンにもなる。昨今、日本の一般戸建て住宅で「天井の高い家」が話題となっているけれども、どんなに天井が高くても4メートルということはありえないし、7・5トンもの重さは容易に床を踏み抜いてしまうにちがいない。

絶滅種においても、アフリカゾウと同等の大きさをもつ長鼻類は少なくない。たとえば、北アメリカに生息していた「**コロンビアマンモス**（*Mammuthus columbi*）」は肩高4メートルと、まさにアフリカゾウと同じくらいの大きさ。絶滅種では抜群の知名度をもつ「**ケナガマンモス**（*Mammuthus primigenius*）」の肩高は3・5メートルでアフリカゾウよりやや小さく、中国内モンゴル自治区から化石がみつかっている「**松花江**（しょうかこう）**マンモス**（*Mammuthus sungari*）」の肩高は5メートルと、アフリカゾウを大きく上回る。ちなみに、松花江マンモスに関しては、ミュージアムパーク茨城県自然博物館で全身復元骨格が展示されているので、興味がある方はぜひ、ご自分の眼でそのサイズを実感されたい。

長鼻類は、進化を重ねて大型化を遂げることで繁栄した動物だ。最古の長鼻類は肩高60センチメートルほどで、姿はまるでコビトカバのような動物だった。その後、大型化を遂げ、繁栄を勝ち取った。62ページの「デカいと強い！」では肉食動物の大型化を例に挙げた。しかし、植物食動物においても、大型化で成功したものがいたわけだ。大きければ、肉食動物に襲われる危険も減る。かつての地球には約170種の長鼻類が存在し、全盛期には、オーストラリア大陸と南極大陸をのぞくすべての大陸で暮らしていた。

もっとも、「大きい」ということは、大量の食料を必要とするということでもある。

東京動物園協会が運営しているWEBサイトの「アフリカゾウ豆知識」によると、アフリカゾウは1日200〜300キログラムの草木を食べ、1日100リットル以上の水を飲むという。

絶滅種に関しては、どのくらいの食事量だったのかはわからないけれども、同じグループで同じような体格の持ち主であれば、同じくらいの量を食べていたということは想像に難くない。

大量の食料を必要とするということは、その量の食料を用意できなければ、飢えて死ぬということだ。

しかしかつて、長鼻類には周囲の環境にあわせるかのように小型化を遂げ、つまり身の丈をあわせて、子孫を残し続けた種類がいた。

舞台は日本列島。

その長鼻類を「**ステゴドン**（*Stegodon*）」という。

ステゴドンは、ゾウやマンモスとよく似た姿の持ち主だが、わかりやすいちがいとして、牙の

しなり方を挙げることができる。ゾウやマンモスの牙は外側にしなったのちに、先端は内側を向く。これに対して、ステゴドンの牙は内側にしなったのちに、先端は外側を向く。ちなみに、ゾウやマンモスは長鼻類の中で、「ゾウ類」というグループをつくるのに対し、ステゴドンは「ステゴドン類」という別のグループをつくる。

ステゴドンはもともとインドシナ半島に起源があるとされ、今から約600万年前〜約500万年前に日本列島にやってきた。当時、海水面は現在よりも低く、日本列島は大陸と地続きだったとみられている。

ステゴドンの名をもつ種はいくつかあり、このとき日本列島にやってきた種には、「ステゴドン・ズダンスキィ（*Stegodon zdansky*）」という名前がある。和名を「**コウガゾウ**」といい、その名の通り、中国の黄河流域で最初の化石が発見された。

コウガゾウは肩高3・8メートルほどで、ケナガマンモスを上回り、コロンビアマンモスやアフリカゾウよりはやや小さいという大きさ。長く伸びた牙があまりにも内側にしなっているため、牙と牙の間に鼻を通すことができないという、曰く付きのステゴドンである。もっとも、さすがにそんな生態は考えられないとして、このしなりは化石が地層の中に埋まっていたときに受けた圧縮作用の影響ではないか、といわれている。

そして、約400万年前になると、コウガゾウを祖先として、「ステゴドン・ミエンシス

（*Stegodon miensis*）」が現れた。和名は「**ミエゾウ**」。三重県から化石がみつかることに由来する。肩高は3・6メートルとされ、日本固有の化石哺乳類としては最大であるが、コウガゾウよりはやや小さい。

約250万年前になると、「ステゴドン・プロトオーロラエ（*Stegodon protoaurorae*）」、和名「**ハチオウジゾウ**」が出現。その名の通り、東京都八王子市から化石がみつかっている。ただし、このハチオウジゾウがどの程度の大きさだったのかは、まだよくわかっていない。

そして約200万年前になると、「ステゴドン・オーロラエ（*Stegodon aurorae*）」が出現した。こちらの和名は「**アケボノゾウ**」で、化石は埼玉県などから発見され、肩高は1・7メートルほどとヒトの身長とさして変わらないところまで小型化している。

この一連のステゴドンの進化は、日本列島という狭い土地に適応した結果とみられている。かつて自分たちが獲得した「大きいは強い」を〝放棄〟して、狭い土地と少ない食料に身の丈をあわせるかのように小型化した。そして、最終的にこの系統は400万年間にわたって子孫を残すことに成功したのである。

冒頭で挙げた老子の一節は、次のように終わる。

不失其所者久、死而不亡者寿（自分のいるべき場所を失わない者は長続きし、死んでも、亡び（ほろび）ることのない道のままに生きた者は長寿である：『老子』〈岩波文庫〉より）。

島に進出した大型種が進化の結果として小型種を残すことは、恐竜類などでも確認されている。必ず確認できる変化というわけではないが、とくに珍しいというわけでもない。なにしろ島の食料は限られているので、飢えて絶滅するか、あるいは、「大きいは強い」を〝放棄〟して〝身の丈にあったサイズ〟に小型化するしかないのだ。

しかし、そうやって大型種が小型化すると、今度は小型種に〝活路〟がみえてくることがある。

たとえば、ハリネズミの仲間だ。

ハリネズミの仲間は基本的に小型なものばかりで、現生種も化石種もせいぜい全長20～30センチメートルほどである。しかし、全長75センチメートルという大型種がかつて存在した。

その名を「**デイノガレリックス**（*Deinogalerix*）」という。1000万年ほど前のイタリアに出現した。吻部がシュッと長く伸び、門歯（前歯）が発達していた。頭部だけで他のハリネズミの全長値に近い20センチメートルの長さがある。このページの左上に描かれているイラストがデイノガレリックスである。

イタリアのナポリの北東に、アドリア海に突き出た小さな半島がある。ガルガーノと呼ばれるこの地域は、現在でこそ半島だけれども、かつては独立した島だった時期がある。このとき、ガルガーノの大型種は数を大きく減らしていた。

デイノガレリックスは、その〝間隙〟をぬってガルガーノで大型化したハリネズミだ。一般にハリネズミは、ミミズや昆虫などを食べるが、デイノガレリックスはこれらの獲物に加えて、小動物を狩ること、その屍肉(しにく)を食べることもあったとされる。なお、デイノガレリックスはハリネズミの仲間だけれど、針はなかったようだ。

たかだか75センチメートルと思うことなかれ。同じグループの他種と比べると倍以上の大きさなのだ。似たような生態をもつ競争相手にとっては十分に面倒な存在だし、獲物となるような動物たちにとっては脅威であることにちがいはない。

デイノガレリックスは獲物の量云々(うんぬん)ではなく、自らの天敵である大型種が数を減らした結果として、「大きいは強い」を手に入れたわけだ。

身の丈にあわせることも大事。

チャンスを見逃さないことも大事。

島における進化は、いくつもの大切なことを教えてくれる気がする。

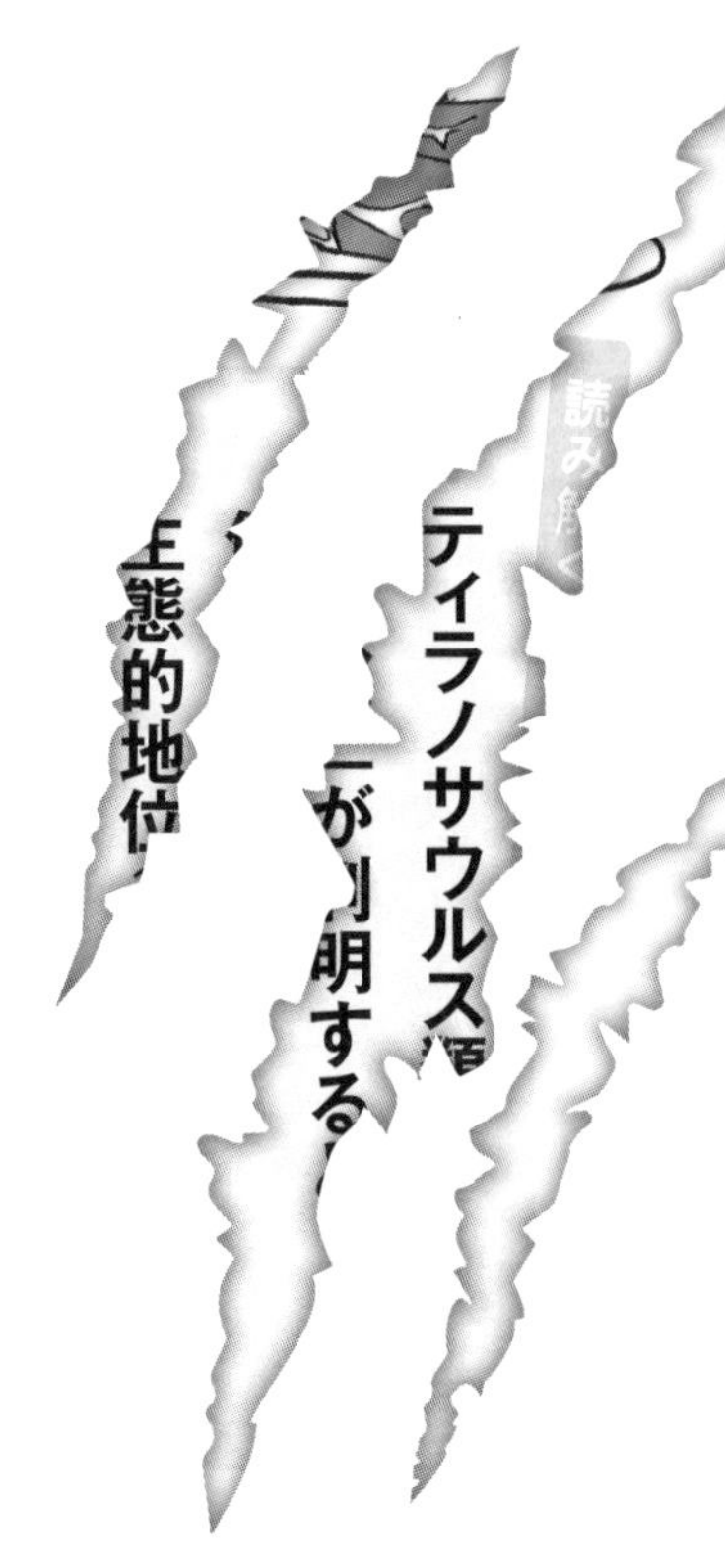
ティラノサウルス
態的地位
明する

キアンゾウサウルス
獰猛だけど、華奢

人間
ハンバーガー、
フライドポテト、
コーラが好き

「棲み分け」で争いを避ける
……ライバルと戦うのとか、疲れるし

ピックアップ古生物

タルボサウルス

- 全長9・5m、体重4t
- 「タルボ」は「恐ろしい」という意味
- 幼体と成体で頭部にちがいがある

キアンゾウサウルス

- すごいスリムな肉食恐竜
- 全長が8〜9mなのに、体重が1tしかない
- 愛称は「ピノキオレックス」

読み解くキーワード

1 **ティラノサウルス類**

2 **「食べ物」が判明すると何がわかるのか**

3 **生態的地位**(ecological niche)

郊外型ショッピングモールに行くと、いわゆるフードコートがあるにもかかわらず、レストラン街もあるのが一般的だ。

そして、フードコートもレストラン街も大盛況。ともに同じ「外食産業」だけれども、フードコートが盛況だからレストラン街が廃れているとか、レストラン街に行列はあるけれどもフードコートでは閑古鳥が鳴いている、というのは近年のショッピングモールではあまりみない光景だ。

フードコートは、比較的安価な食事。提供までの待ち時間は短い。ただし、食事をするエリアは概ね騒がしい。配膳も片付けも自分で行う。

一方のレストランは、相対的に高価な食事である。提供までの待ち時間は長いところが多い。食事する店内はフードコートほど騒がしくはなく、配膳や片付けは店員が行うのが一般的である。

かつては「美味しいものを食べるならレストラン」という認識もあったけれども、近年はフードコートにも良店が多くなってきた。そうした店は、安価・短時間というフードコートのもつ制約下で、それでも「美味い！」と言わせる一品の提供に励んでいる。筆者の個人的な見解でいえば、味という視点では、フードコートの皿も、レストランの皿も遜色ない。

フードコートとレストランのちがいは、「空間」といえるだろう。両者は提供する空間のちがいで上手に客層を分けている。騒がしさの大小や配膳などのサービスのちがいで客層を分け、そして成功しているのだ。

レストランだけの話ではない。

同じギョーカイで生きながら、その中で違いを見出して、生き抜く。

これは、生物学で「棲み分け」と呼ばれる概念に近い。

王者は〝親子〟で棲み分ける

「恐竜界の帝王」といえば、「**ティラノサウルス**（*Tyrannosaurus*）」だろう。

全長約13メートル、そして、約9トンの巨体。優れた嗅覚は物陰の獲物をいち早く探知し、がっしりとした顎と太い歯で獲物を骨ごと嚙み砕く。それほどの破壊力をもちながらも、前脚は極端に小さく、細く、そして指は2本しかない。約7000万年前から約6600万年前の白亜紀最末期に、北アメリカ西部における生態系の〝覇権〟を握っていた肉食恐竜である。

そして、このティラノサウルスとよく似た姿をもつ近縁の恐竜が、ほぼ同時代のアジアに生息していた。

その名前は「**タルボサウルス**（*Tarbosaurus*）」。

全長9・5メートル、体重4トン。ティラノサウルスよりもひと回り小柄ながらも、優れた嗅覚にがっしりとした顎と太い歯、極端に小さく細い前脚に2本指などとてもよく似た特徴をもつ肉食恐竜である。研究者によっては、タルボサウルスという独立した名前（属名）をもつ恐竜ではなく、ティラノサウルス属の別種としてみなすこともある。それほどまでに似ている「アジアのティラノサウルス」だ。

ちなみに、「ティラノサウルス」という名前の「ティラノ（*Tyranno*）」には「暴君」という意味があるのに対して、「タルボサウルス」の「タルボ（*Tarbo*）」には「恐ろしい」という意味がある。ともに、生態系の頂点に君臨するものにふさわしい名前といえよう。

ティラノサウルスとタルボサウルスは祖先を同じくするとみられている。

ティラノサウルスは北アメリカ西部、タルボサウルスはアジア。生息地は異なるけれども、祖先を同じくする近縁種が存在すること自体は不思議ではない。なぜならば、現在は海峡であるベーリングが、当時は地峡であったからだ。北アメリカとアジアは細い陸地でつながっており、歩いて渡ることができた。ティラノサウルスとタルボサウルスの祖先はおそらく北アメリカで誕生し、北アメリカではティラノサウルスが、アジアに渡った種からタルボサウルスが、それぞれ誕生したとみられている。

さて、ここでティラノサウルスは脇に置こう。

注目したいのは、タルボサウルスである。この恐竜は、幼体の化石もみつかっている。全長2メートル、おそらく2～3歳とみられる個体である。

２０１１年、東京大学の對比地孝亘たちは、この幼体を分析した研究を発表している。この研究によると、幼体と成体には頭部にいくつものちがいがみられるという。

もちろんサイズは大きく異なるが、サイズだけではない。まず注目すべきは、歯だ。本数は同じ。しかし成体の歯と比べると、幼体の歯は薄いのだ。また、成体の頭骨には、顎からかかる力

を逃がす構造がある。これは獲物を噛み砕くときに役立つ特徴だ。しかし幼体にはこの構造がみられないという。

對比地たちは、こうした分析結果から、成体と幼体では、食べていた獲物がちがうのではないか、と指摘している。成体は大きな獲物を骨ごとがっつりと食べ、幼体は柔らかい獲物の肉を削ぐように食べていたのかもしれない。

アジアの生態系の頂点に君臨していたタルボサウルスは、成体と幼体で獲物を争う必要がなかったということだ。

もしも獲物が同じであれば、そこに競争が発生する。強者が弱者の獲物を横どりすることも多くなる。タルボサウルスが親子で行動していたのかどうかはわからない。親子で行動していたのならば、親が獲物を仕留め、その肉を親子で分け合って食べる、ということもあったかもしれない。しかし、その場合でも〝他所の幼体（よその子ども）〟から獲物を奪い取ることがあるかもしれないし、貧窮する状態で親が生きるか、子が生きるかという状態にあれば、血のつながった相手といえども競合相手となっただろう。

親子で行動していないのであれば、なおさら。成体は幼体の仕留めた獲物を奪い取れば、なんなく食にありつける。

競合相手から獲物を奪う際に最も端的で最も効率的な手段は、その競合相手を殺してしまうこと。殺してしまえば、二度と競合相手になることはないし、その競合相手自体が餌になるから、一石二鳥ともいえる。つまり、獲物が同じということは、とくに相対的弱者である幼体にとって、命の危険を内包することにつながる。

しかし、タルボサウルスは成体と幼体で獲物がちがっていた。成体は幼体の獲物を奪う必要はなかった。これは、幼体が〝無事に成長する〟ことに大きな役割を果たしたことだろう。

成体と幼体の「棲み分け」の結果である。

王者は棲み分けて、並び立つ

タルボサウルスと同時代のアジアに、「タルボサウルスと同様に恐ろしく、より素早く獲物を狩ることができた」と言われる肉食恐竜がいた。

その名を「**キアンゾウサウルス**（*Qianzhousaurus*）」という。

この肉食恐竜は、ティラノサウルスやタルボサウルスの近縁にあたる。ただし、「近縁」とは言っても、ティラノサウルスとタルボサウルスほどに近しい間柄ではなく、同じ「ティラノサウルス類」というグループに属するやや遠い親戚、といったところだ。

キアンゾウサウルスは全長8〜9メートルと推測されており、この値だけみればタルボサウルスと同等である。ただし、キアンゾウサウルスはタルボサウルスと比べて圧倒的に華奢だった。

本書をお買い上げいただき、誠にありがとうございました。
質問にお答えいただけたら幸いです。

◎ご購入いただいた本のタイトルをご記入ください。

『　　　　　　　　　　　　　　　　　　　　　　　　』

★著者へのメッセージ、または本書のご感想をお書きください。

●本書をお求めになった動機は？
①著者が好きだから　②タイトルにひかれて　③テーマにひかれて
④カバーにひかれて　⑤帯のコピーにひかれて　⑥新聞で見て
⑦インターネットで知って　⑧売れてるから／話題だから
⑨役に立ちそうだから

生年月日	西暦　　年　　月　　日（　　歳）男・女			
ご職業	①学生	②教員・研究職	③公務員	④農林漁業
	⑤専門・技術職	⑥自由業	⑦自営業	⑧会社役員
	⑨会社員	⑩専業主夫・主婦	⑪パート・アルバイト	
	⑫無職	⑬その他（　　　　　）		

このハガキは差出有効期間を過ぎても料金受取人払でお送りいただけます。

ご記入いただきました個人情報については、許可なく他の目的で使用することはありません。ご協力ありがとうございました。

郵　便　は　が　き

料金受取人払郵便

代々木局承認

6948

差出有効期間
2020年11月9日
まで

1518790

203

東京都渋谷区千駄ヶ谷 4-9-7

（株）幻冬舎

書籍編集部宛

1518790203

ご住所　〒
都・道
府・県

フリガナ
お名前

メール

インターネットでも回答を受け付けております
http://www.gentosha.co.jp/e/

裏面のご感想を広告等、書籍の PR に使わせていただく場合がございます。

幻冬舎より、著者に関する新しいお知らせ・小社および関連会社、広告主からのご案内を送付することがあります。不要の場合は右の欄にレ印をご記入ください。　不要 □

なにしろキアンゾウサウルスの体重は1トンほどしかなかった。タルボサウルスの4分の1だ。

キアンゾウサウルスの特徴は、何といってもその「スリムさ」にある。発見されている化石は頭骨だけだが、その頭骨をタルボサウルスと比較すると、キアンゾウサウルスの華奢さが際立つ。

タルボサウルスの頭骨は、前後の長さが約80センチメートルに対して、約40センチメートルの左右幅がある。こうした幅広の頭骨は、ティラノサウルスとも共通する特徴だ（ちなみに、ティラノサウルスの頭骨の左右幅は60センチメートルを超える）。

一方、キアンゾウサウルスの場合、前後の長さが約90センチメートルに対して、左右幅は約20センチメートルしかなかった。

20センチメートルだ！　あなたの靴のサイズよりも小さいはずである。この本を一旦置いて、握り拳を二つつなげてもらってもよい。その拳2個分とほぼ同等か、少し長い程度の横幅しかなかった。それなのに、口先は90センチメートル先にあった。それが、キアンゾウサウルスなのだ。

研究者は、この恐竜に「ピノキオレックス」の愛称を与えた。もちろん、鼻の長い木製人形と、ティラノサウルス・レックスにちなんだものだ。

タルボサウルスとキアンゾウサウルスは、同じ時代に、同じアジアに生息していた、同じグループで、ほぼ同じ全長値をもつ肉食恐竜である。しかし、タルボサウルスの頭部は幅広で、キアンゾウサウルスの頭部はやたらと細い。

ただしより正確に書けば、実は「同じアジアにいた肉食恐竜」とはいっても、タルボサウルスとキアンゾウサウルスの生息域は重なっていない。

しかし、当時のアジアには各地にキアンゾウサウルスのような細身の近縁種がいたことがわかっている。その意味では、当時のアジアにあった生態系の最上層には、幅の広い頭骨をもつティラノサウルス類と、幅の狭い頭骨をもつティラノサウルス類がいたと言い換えることもできるだろう。

この頭部のちがいは、おそらく獲物のちがいを反映していたとみられている。つまり、「生態系の最上位に君臨する大型肉食恐竜」という同じ〝立ち位置〟にあっても、ちがうものを食べることで棲み分けて、ともに栄えていたというわけだ。

「ニッチ」という考え方

生物学の基本的な概念の一つに「生態的地位」というものがある。英語で「ecological niche」と書くため、端的に「ニッチ」と呼ばれることもある。

ニッチは、ざっくりと書いてしまえば、「ある決まった空間における動物の〝立ち位置〟のようなもの」だ。基本的に、その〝立ち位置〟は一つしかなく、複数の種で共有することはできない。その〝立ち位置〟は餌であったり、棲み家だったりする。

タルボサウルスのような「幅広の頭骨をもつティラノサウルス類」とキアンゾウサウルスのような「幅の狭い頭骨をもつティラノサウルス類」は、ともに「アジア陸上生態系の最上層」にいたとみられている。ともに同じ獲物を狙っているのだとしたら、ニッチは一つしかない。したがって、そのニッチを〝奪いあう争い〟が発生する。

しかし、両者は獲物が違うと考えられている。同じ最上位にいても、獲物が違えばニッチが異なる。ニッチが異なれば、両雄並び立つことができる。

ニッチを探して生きるか、ニッチを奪いあって生きるか。あなたなら、どちらを選ぶだろうか。

14

絶滅するくらいなら、生きる場所を変えた方がいい

ピックアップ古生物

シーラカンス

- 学名は「ラティメリア」
- コモロ諸島の海底洞窟、スラウエシ島沖の海底で生息確認
- 泳ぐのは遅い
- 食べても美味しくない

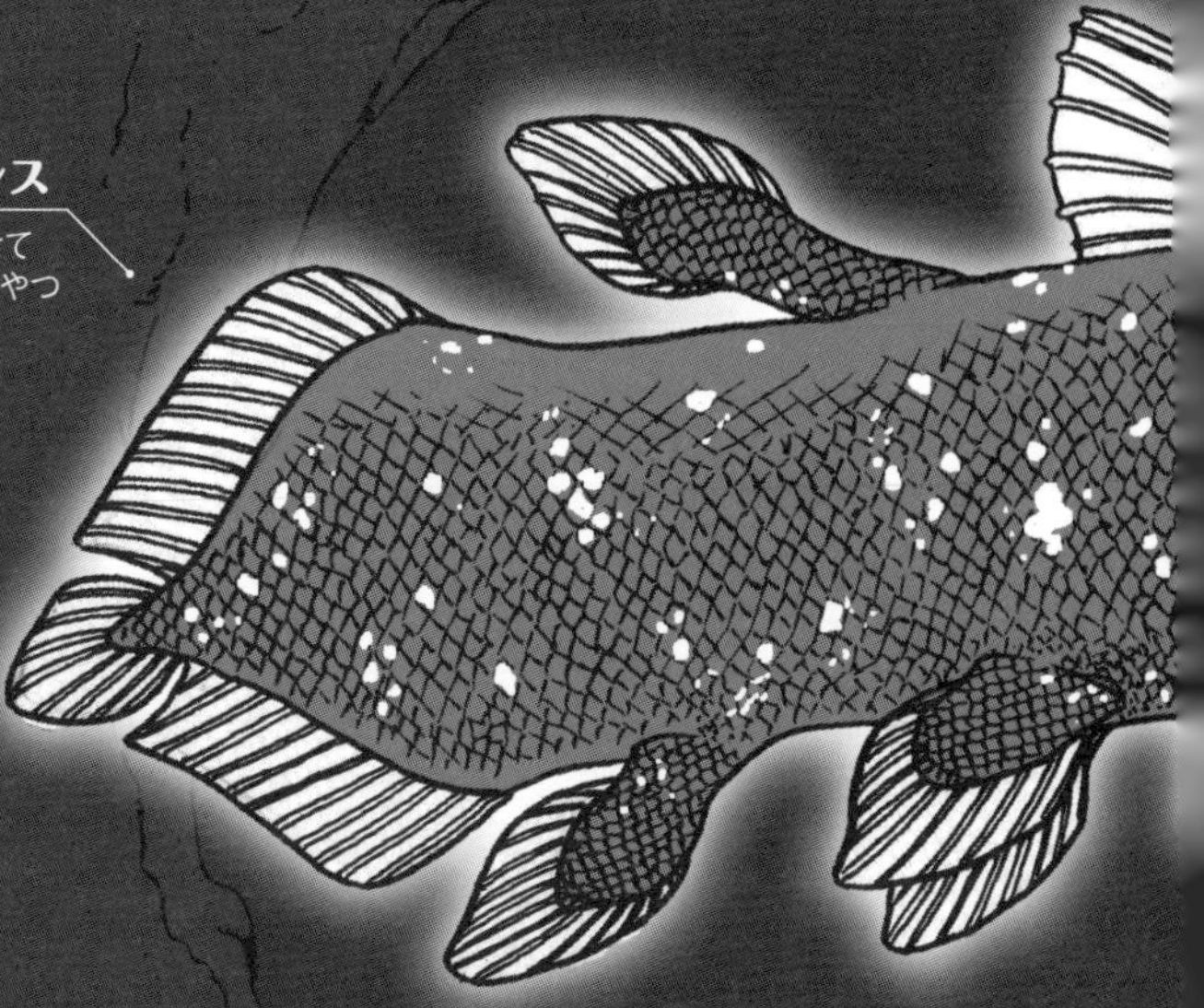

シーラカンス
3億年以上かけて
進化したすごいやつ

読み解くキーワード

1 肉鰭類
2 真骨魚類の台頭
3 1938年12月22日、カルムナ川

え！ そこにいたの？

いつの間にか見なくなった人物と、思わぬところで出会う。そんな経験はないだろうか。

そういえば、最近会っていないな。

そんな友人・知人と、まったく予想していなかった場所で再会する。今回は、そんな〝思わぬ再会〟に関係するお話だ。

「シーラカンス」と呼ばれる魚に注目してみよう。

時折、メディアを騒がせる魚である。水族館や博物館でも重宝され、生きた個体ではなくても集客力を発揮するという、妙に人気のある魚だ。

全長は大きなもので2メートルほど。背側にも腹側にもひれが並ぶ魚で、一つの特徴として尾びれがとても小さい。第3背びれと第2臀（しり）びれの間に挟まれるように、愛らしいサイズのものがちょこんとついている。ちなみに食材としてのシーラカンスは、悪臭がひどく、美味しくないらしい。

さて、小さな尾びれ（と味）以上に特徴的な点は、胸びれ、腹びれ、背びれの合計6枚のひれの付け根にある。筋肉で覆われた骨があり、陸上脊椎動物の「腕」のように太くなっているのだ。「今にも歩き出しそう」という表現はいささか行きすぎたものだけれども、力強さを感じさせるひれであることはたしかだ。

この珍妙な魚が確認されている場所は、今のところ2か所。1か所は、アフリカ東海岸、コモロ諸島の海底洞窟の中だ。もう1か所は、インドネシアのスラウエシ島沖の海底にある大きな岩の狭間である。ともに限定された海域だけれども、数はあわせて200個体以上いるという。

「シーラカンス」という呼び名は、実はグループ名である。この魚自体の名前ではない。この魚の学名を「**ラティメリア**（*Latimeria*）」という。より正確に書けば、アフリカのラティメリアは「ラティメリア・カルムナエ（*Latimeria chalumnae*）」であり、インドネシアのラティメリアは「ラティメリア・メナドエンシス（*Latimeria menadoensis*）」と別の学名がついている。

2種のラティメリアがメディアを騒がせる理由は、まさに〝予想していなかった突然の再会〟にある。

いなくなったはずだった

ひれの根元が腕のようになっているラティメリアは、「肉鰭類（にくきるい）」と呼ばれるグループの一員。肉鰭類の歴史は長く、知られている限り最も古い肉鰭類の化石は、約4億2400万年前（古生代シルル紀末）の地層から発見されている。現時点における情報では、歴史上初めてメートルサイズとなった魚が、肉鰭類だった。なお、この最古の肉鰭類は顎の化石しかみつかっていないため、全身像はよくわかっていない。

肉鰭類は、いくつかのグループで構成され、そのうちの一つが「シーラカンス類」である。ラティメリアはもちろん、このグループに属している。

シーラカンス類は遅くても約4億700万年前（古生代デボン紀）に出現した。そして、その後、3億年以上の時間をかけて多様化していった。

かつてのシーラカンス類は、現在のラティメリアとあまり似ていないものも多かった。からだが妙に長いものや、どことなくタイ（鯛）に似た姿をしたもの、全長が3・8メートルという大型種も存在した。3・8メートルともなれば、クロマグロの中でもとくに大型の個体を、さらに

1メートル近く上回る。もちろん、ラティメリアとよく似た姿の種も存在した。

かつてのシーラカンス類は、分布域も広かった。シーラカンス類の化石は、北は北極圏のスピッツベルゲン、南は南アフリカから発見されている。現在では、水深100メートル以上の深海にのみ生息しているラティメリアだけれども、化石としてみつかるシーラカンス類はいずれも浅海、もしくは、湖などの淡水環境に生息していたとみられている。

世界中で繁栄したシーラカンス類。しかし、約6600万年前に起きた白亜紀末の大量絶滅事件（p72「絶滅とか生き残りとか、結局は運」参照）の勃発を待たずに姿を消している。約4億700万年前から続いてきた化石の記録が、突然に途絶えるのである。

白亜紀という時代は、終盤になると「真骨魚類」と呼ばれるグループが海洋世界に台頭してきたことでも知られている。真骨魚類は現在の海では、圧倒的多数を占めるグループで、現生種の数は2万を超えるといわれている。圧倒的多数派だ。

シーラカンス類はこの真骨魚類に押される形で、姿を消したものとみられてきた。敗北の理由はよくわかっていない。低速遊泳のシーラカンス類は、高速遊泳の真骨魚類にスピード面で負けたのではないか、という見方もある。自然界で生き残るには、スピードはとても大事なのだ（p238「守るべきか、攻めるべきか」参照）。

いずれにしろ、シーラカンス類は白亜紀末前に絶滅した……とみられてきた。

1938年まで、それは揺るぐことのない〝定説〟だった。

1938年12月22日、南アフリカを流れるカルムナ川の河口付近で操業していたトロール船の網に、見慣れぬ魚がかかった。これがのちにラティメリア・カルムナエと名付けられることになるシーラカンス類だった。白亜紀末に滅んだとされる生物が、実際に生きて捕らえられた瞬間である。そしてその後、1998年になると、インドネシアでラティメリア・メナドエンシスが報告された。ラティメリアのように祖先とよく似た姿をもつ生物は「生きている化石」「生きる化石」「生きた化石」と呼ばれている。現代社会では、古い考えや古いものに対して「化石のような」と批判調で形容するけれども、「生きている化石」は学術上はとても貴重な存在だ。

かつて浅海や湖で栄えていたシーラカンス類は、化石がみつかりにくい深海で命を紡いできたことになる。深海生物の化石は発見されにくく、探査もされにくい。そのため、洞窟の中や、岩と岩の間といった、思わぬところで彼らは生きてきたのである。

突然の再会は思わぬ場所で。古生物も人も、その〝縁〟が面白い。

なお、生命史においては、シーラカンス類のように、かつて広い地域・海域に生息していた生物種が、環境の変化などによってほとんどの地域・海域で絶滅しても、特定の〝避難場所〟でだけ生き残ることがある。シーラカンス類の話は、そんな避難場所の重要性も物語っている。あなたは、そんな避難場所をおもちだろうか？

とんがって生きる？
平凡に生きる？

……どっちにせよ
滅ぶときは滅ぶから、
お好きなように

ピックアップ古生物

エルラシア

・カンブリア紀（約5億4100万年前〜約4億8500万年前）の三葉虫
・「三葉虫」と聞いて多くの人が思い浮かべるのはこれ
・アメリカのユタ州では数十万個の化石が発見

アサフス・コワレウスキー

・オルドビス紀（約4億8500万年前〜約4億4400万年前）の三葉虫
・カタツムリのような眼の持ち主
・たぶん、遠くまで見渡していた

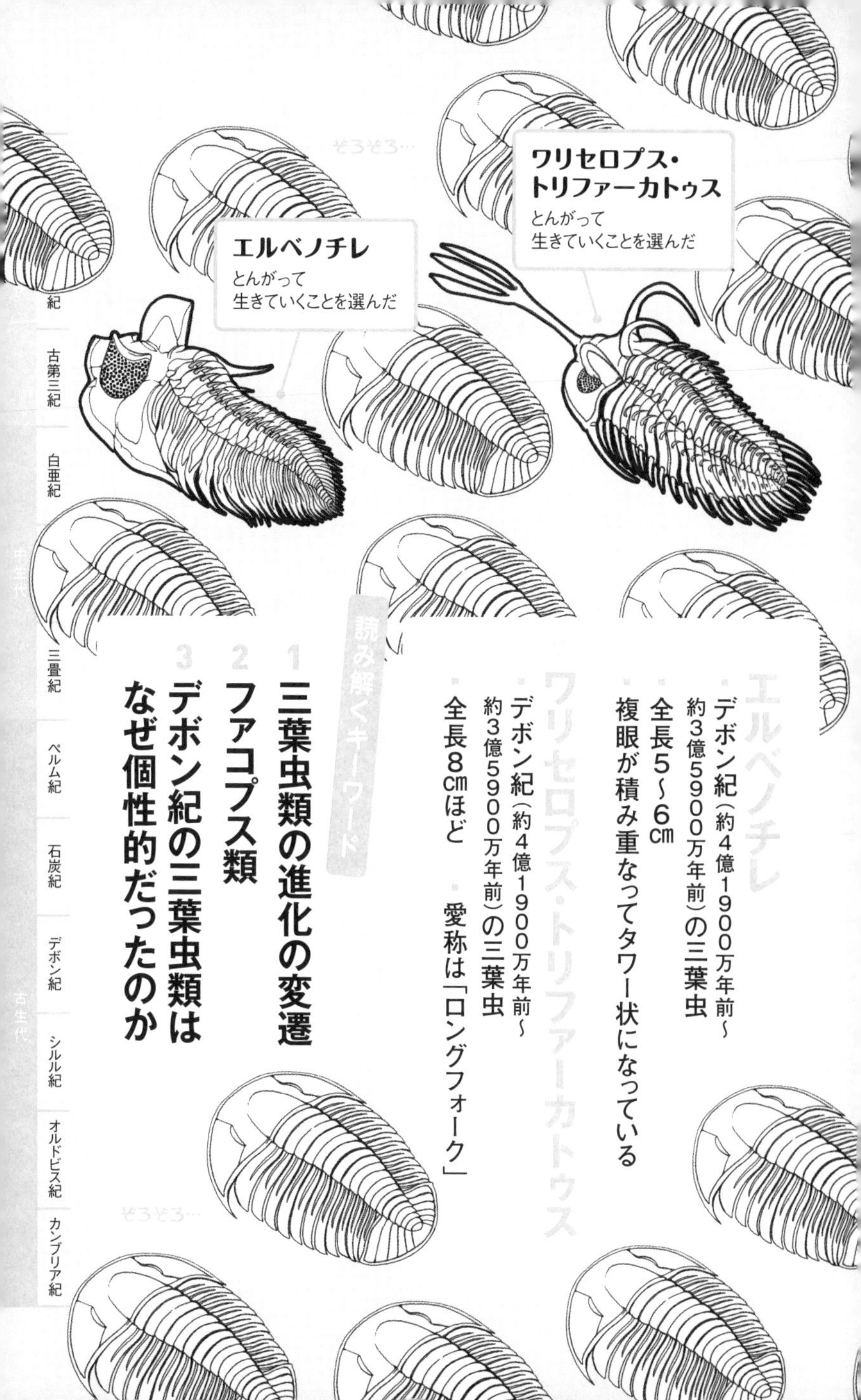

エルベノチレ

- デボン紀（約4億1900万年前〜約3億5900万年前）の三葉虫
- 全長5〜6㎝
- 複眼が積み重なってタワー状になっている

ワリセロプス・トリファーカトゥス

- デボン紀（約4億1900万年前〜約3億5900万年前）の三葉虫
- 全長8㎝ほど　・愛称は「ロングフォーク」

読み解くキーワード

1 三葉虫類の進化の変遷
2 ファコプス類
3 デボン紀の三葉虫類はなぜ個性的だったのか

紀
古第三紀
白亜紀
中生代
三畳紀
ペルム紀
石炭紀
デボン紀
古生代
シルル紀
オルドビス紀
カンブリア紀

【とんがる】

・「とがる」の俗な言い方。

【とがる（尖る）】

・先端が細くするどくなる。

・平凡な多数派に影響を与えるような、突出した個性や能力を持つ。

（岩波書店『広辞苑第七版』より抜粋）

あなたの周囲にも、「とんがった人」がいるのではないだろうか。

他人と異なる個性や意見で、既成概念を崩しながら進んでいく。近年は、組織において必要な人材ともされ、企業によってはいかにこのタイプの人材を確保していくのかが課題となっているともされる。

生命史においても、当初は〝平凡な種〟でスタートし、そしてのちの時代になると、まるで〝時代の要請〟に従うかのように〝とんがった種〟を擁するようになったグループが存在した。

そのグループの名前は、おそらく古生物に詳しくない人でも知っている。

「三葉虫類」である。

初めはみんな〝平凡〟だった

三葉虫類は、節足動物を構成する動物グループの一つだ。グループ丸ごとすでに絶滅しており、現在はその子孫を含めて生きていない。すべて水棲種である。

知られている限り最も古い三葉虫類の化石は、約5億2000万年前のカンブリア紀の地層から発見されている。カンブリア紀とは、約5億4100万年前に始まり、約4億8500万年前まで続いた古生代最初の地質時代だ。

約5億2000万年前というタイミングは、眼やあし、トゲなどをもった動物化石が発見され始める時期と一致する（p82「ハッタリが効かない相手もいる」参照）。三葉虫類も、眼やあし、トゲがある。加えて、三葉虫類は炭酸カルシウム製（アサリなどの二枚貝と同じ成分）の殻をもっており、当時の海で最硬級の防御性能を誇っていた。

三葉虫類には1万種を超える種数が報告されており、研究者でさえ、その総数を正確に把握していないとされる。その膨大な種数を時代別に分けたとき、とくに多様性が高かった時代が、カンブリア紀と、その次の時代であるオルドビス紀だ。

つまり、カンブリア紀に登場した三葉虫類は、いきなり多様化に成功したのである。

ただし、多様化した……というものの、実はみなよく似ている。

たとえば、カンブリア紀を代表する三葉虫類に「**エルラシア**（*Elrathia*）」がいる。大きさ数センチメートル。楕円形のからだで、殻に厚みはなく、胸部には節がびっしり。目立ったトゲなどの武装をもたない。理科の教科書などで写真で紹介される三葉虫類といえば、まずこのエルラシアであり、博物館のギフトショップなどで販売されている三葉虫類の化石といえば、まずこのエルラシアである。「もっている」という読者もいるかもしれない。

ちなみに、エルラシアの化石がなぜこれほどまでに有名かといえば、それはものすごく大量に採れるからだ。アメリカのユタ州では、数十万個の化石が発見されており、世界中の市場へと供給されている。

このエルラシアが、カンブリア紀の三葉虫類の典型例といえる。すなわち、殻に厚みはなく、節が多いのだ。

トゲに関しては、大小数本発達させる種がカンブリア紀の三葉虫類にも多く確認されているし、サイズに関しては、数十センチメートルのものもある。慣れてくれば、その形状のちがいもわかるようになり、カンブリア紀に膨大な種の三葉虫類がいたということもわかってくる。

しかし、カンブリア紀の三葉虫類は、みなよく似ているのだ。おそらく古生物に興味がない人にカンブリア紀の三葉虫類をいくつか見せたら、「みんな同じじゃん」と返ってくる……可能性が高い。

登場したての種の個性を見分けることが難しいのは、現代社会に通ずるものがあるかもしれない。

そして、〝個性〟が豊かになる

カンブリア紀に続く、古生代第2の時代をオルドビス紀という。約4億8500万年前から約4億4400万年前の約4100万年間だ。

会社組織でも慣れてくると、緊張がほぐれるからか、個性が目立つようになる。三葉虫類も「緊張がほぐれたから」というものでもないだろうが、オルドビス紀になると、各種のちがいが明瞭なものとなっていく。からだのつくりが立体的になり、それぞれ特徴的な姿をもつようになるのだ。

たとえば、「**アサフス・コワレウスキー**（*Asaphus kowalewskii*）」という種がいた。「アサフス」の名前（属名）をもつ種は複数あり、コワレウスキーは、その中の一つである。全長11センチメートル。この三葉虫類の最大の特徴は、頭部からほぼ垂直に2本の細い柄が伸び、その先に小さな複眼がついている、という点だ。まるで、カタツムリのような眼をもっていたのである。

もっとも、カタツムリとはちがって、その柄は柔軟に曲げることも、体内に収納することもできなかった。なにしろ、成分は殻と同じであり、基本的にはカチコチなのだ。

眼の位置が高いということは、それだけ視野が広いということ。艦船でいうところの艦橋のようなものである。海底を歩きながらも、遠くまで見渡すことができたはずである。また、まるで塹壕（ざんごう）のように海底を掘り、そこに身を隠しながら潜望鏡のように高い眼を使って周囲をうかがうこともできたとみられている。

こうした〝地上戦〟（より正確には〝海底戦〟）に適した種類がいたかと思えば、〝空中戦〟（より正確には〝水中戦〟）に適した種類もいた。

その代表的な存在が「**ハイポディクラノトゥス**（*Hypodicranotus*）」だ。全長3センチメートルほどのこの三葉虫は、頭部先端が丸く、その後ろが涙の粒のような流線形になっていた。このからだは、ハイポディクラノトゥスが一定以上の高速で水中を泳ぐことができたことを意味している。流線形ということは、水の抵抗を弱めることにつながるからだ。また、複眼は頭部の左右に帯状に伸び、前後左右に広い視界を確保している。このことも、高速遊泳に役立ったことだろう。

すべての三葉虫類は、頭部に内臓が集中し、その底に「内臓を守るための板」と口がある。また、胸部の底にはえらのついた多数のあしが並んでいた。

新潟大学の椎野勇太たちが２０１２年に発表した研究によると、ハイポディクラノトゥスの場合、この「内臓を守るための板」の形状がやや特殊であり、遊泳時に腹側の水の抵抗を減らすとともに、前に向かって泳ぐだけで、殻の底に水流を発生させ、えらには空気を、口には餌であるプランクトンを運ぶことができたという。実に機能的な姿の持ち主だったのである。

オルドビス紀の三葉虫類の中には、ほかにも頭部先端にトゲを多数もっていたり、頭部をぐるりと回るような広い複眼をもっていたり、さまざまな種類が出現した。

やがて〝とんがる〟

オルドビス紀の次の時代をシルル紀という。約4億4400万年前から約4億1900万年前までの約2500万年間である。

実はオルドビス紀末に大量絶滅事件が勃発し、三葉虫類は数を大きく減らした。完全絶滅こそしなかったものの、オルドビス紀の三葉虫類にみられたような〝目立った個性〟は、シルル紀にはあまりみかけなくなる。

しかし、シルル紀の次の時代になると、〝とんがった個性〟をもつ三葉虫類が数多く登場する。

この古生代第4の地質時代をデボン紀という。約4億1900万年前から約3億5900万年前の約6000万年間だ。

三葉虫類にはいくつかのグループがあり、〝とんがった個性〟は、複数のグループで確認されている。

第一に注目すべきは、「ファコプス類」と呼ばれるグループ。このグループは、複眼を構成するレンズが大きいことが特徴だ。

すべての三葉虫類の眼は複眼でできている。しかし、ほとんどの三葉虫類においては、その複眼を構成する個々のレンズが小さくて、ヒトが肉眼で識別することはなかなか難しい。

しかし、ファコプス類の複眼は個々のレンズが大きく、肉眼でも容易に識別が可能だった。ファコプス類は個性豊かな種類が多い。ここでは、筆者の独断で2種類を紹介しておこう。

一つは、「**エルベノチレ**（*Erbenochile*）」だ。全長は5〜6センチメートル。背中に1列のトゲをもつ三葉虫類だ。

ただし、エルベノチレの最大の特徴は、そのトゲではなく、複眼にある。この三葉虫類の複眼は、タワーのごとくレンズを積み重ねていたのだ。オルドビス紀のアサフス・コワレウスキーは、柄の先に複眼があった。しかし、エルベノチレは、複眼自体に高さがあったのだ。しかも、そのタワーの頂上は水平方向に少し広がっていて、「庇（ひさし）」になっていた。これは、日差しが降り注ぐような浅い海底で、複眼を保護する役割を担っていたとみられている。

文字通り、「とんがった」特徴をもつ種類もいた。その名は、「**ワリセロプス・トリファーカトウス**（*Walliserops trifurcatus*）」。全長8センチメートルほどのファコプス類である。愛好家の間では、「ロングフォーク」の愛称で知られる。

ワリセロプス・トリファーカトゥスの特徴は、まさにその愛称のように、頭部の先端にフォークのような〝三叉（みつまた）の鉾（ほこ）〟をもっていたことにある。この鉾の役割は科学的な検証はなされていないものの、武器だったとの見方が強い。

もちろん、ファコプス類だけが個性豊かだったというわけではない。たとえば、別のグループに属する「**ディクラヌルス**（*Dicranurus*）」も、かなりの個性の持ち主だ。

全長5センチメートルほどのこの三葉虫類は、左右と後方に向かって太いトゲを伸ばし、後頭部にあたる位置にヒツジのツノのようにくるりと巻く2本の〝ホーン〟をもっていた。このホーンがいったい何の役に立っていたのかは不明だ。このページの左上にデフォルメされて描かれているコがまさにディクラヌルスである。

ほかにもデボン紀には個性豊かな三葉虫類が確認されており、その多様性は化石ファンの心理をくすぐるものがある。（筆者自身を含めて）三葉虫類に興味をもつようになった人々は、そのきっかけに「デボン紀の三葉虫類が示す多様なカッコ良さ」があることが多い。

〝とんがった個性〟は、人を惹（ひ）きつける。もしも、あなたが〝三葉虫類の沼〟にハマる覚悟があるのなら、デボン紀の三葉虫化石を調べ、探してみることだ。もっとも、この沼はかなり深い。ハマったのちのことは、筆者は一切の責任はもたないので、そのつもりで。

デボン紀の三葉虫類が、なぜここまでアグレッシブであったのかはよくわかっていない。

一つの見方として、デボン紀という時代への適応だったのではないか、というものがある。デボン紀は、魚の仲間が生態系の上位に台頭した時代として知られている。魚の仲間は、カンブリア紀にはすでに出現していたものの、「顎」をもたなかったために、攻撃力が弱く、長い間生態系の下位に甘んじていた。しかし、シルル紀に顎をもった魚の仲間が出現し、デボン紀になるとその〝勢力〟を拡大させていた。

デボン紀の三葉虫類がもつ〝とんがった個性〟は、こうした顎のある魚たちへの対応策だったのかもしれない、というわけである。

ざっくりと書いてしまえば、「時代が求めた形だった可能性がある」ということだ。

それでも滅ぶときは滅ぶ

台頭する魚の仲間に対抗するように、〝とんがった個性〟を発達させた三葉虫類。

しかし、デボン紀の次の時代である石炭紀になると、こうした特徴のある三葉虫類は消滅した。石炭紀とは約3億5900万年前から約2億9900万年前のことだ。そして、その次の時代、約2億9900万年前から約2億5200万年前のペルム紀に至っても、デボン紀の海にいたような個性豊かな三葉虫類が〝復活〟することはなかった。

〝とんがった個性〟は、所属していたグループごと消えてしまったのである。それは、まるで時代の徒花（あだばな）のような、そんな存在だった。

石炭紀以降ペルム紀の末までの三葉虫類の命脈は、細々としたものだった。この二つの時代を生きた三葉虫類は「プロエタス類」というグループだけ。このグループの三葉虫類は、基本的に流線形のからだをもつものの、それ以外には目立った特徴がない。あえて書いてしまえば、扁平（へんぺい）な種ばかりだったカンブリア紀の三葉虫類以上に、見分けのつきにくいよく似た種ばかりだった。

そして、約2億5200万年前に起きた史上最大の大量絶滅事件で、三葉虫類は完全に姿を消すのである。

〝平凡〟で始まり、〝個性〟豊かになり、〝個性〟が際立ち、そして最後は〝平凡〟だけが細々と生き残って、最終的にはそれも滅んだのである。

やっぱり愛がイチバン！

……翼は飛ぶために誕生したわけじゃない!?

ピックアップ古生物

オルニトミムス

- 全長4・8mほど
- ダチョウみたいな姿をした恐竜
- 快足の持ち主
- 成体は翼あり、幼体は翼なし

読み解くキーワード

1 鳥類の翼、コウモリの翼

2 「翼」は何のために誕生したのか

3 「翼の起源」に関する研究論文（2012年）

翼が欲しい。

勉強に疲れたとき、仕事に疲れたとき、人間関係に疲れたとき、ふと、空を見上げると、気持ち良さそうに翼をはためかせ、鳥たちが飛んでいる。

ああ、なんて自由なのだろう。

自分にも翼があれば、地上のしがらみから解放され、どこまでも飛んでいけるのに……。

このとき、多くの人が思い描くのは、鳥類の翼だろう。「天使の翼」という方もいるかもしれないが、天使の翼の「モデル」は、あくまでも鳥類の翼だ。私たちと同じ哺乳類であるコウモリの翼を思い浮かべる人はあまりいない（と思う）。

同じ「翼」という文字を用いるけれども、鳥類の翼とコウモリの翼は、そのつくりが決定的に異なる。

コウモリの翼は、腕の骨と第2指、第3指、第4指、第5指の骨が芯となり、その芯と胴体の間に皮の膜を張ってつくられている。この「皮膜を張る翼」は、コウモリだけではなく、絶滅した翼竜類の翼にも共通する特徴だ。また、「翼」という文字は使わないけれども、モモンガやムササビをはじめとする滑空性の動物も、腕と脚と胴体の間に張った皮膜を上手に使って空を飛ぶ。

一方、鳥類の翼は、芯となるのは腕の骨だけだ。その腕に羽根をみっしりと並べて翼をつくる。

このつくりの翼をもつ動物は、現在の地球では鳥類だけだ。

時と場合によっては、まるで「自由の象徴」であるかのように、現代人は翼を扱っている（そういえば、某調査兵団のロゴも翼である）。

しかしその翼は、もともとは飛翔（ひしょう）のためのものではなかった、とみられている。

世界に翼が〝生まれた〟とき、その役割は空を飛ぶことではなかったというのである。

「翼の起源」をめぐるその鍵は、恐竜が握っている。

翼は繁殖のためのツールだった？

この数年、とくに２０１０年代以降に刊行された、いわゆる「恐竜図鑑」を手に取ると、多くの恐竜たちが羽毛で包まれ、そして翼のある姿で描かれている。現在では、鳥類は恐竜類の生き残りであるという見方は、ほぼ〝定説〟であり、恐竜類の中でも鳥類に近いとされる種類は、鳥類同様に羽毛があり、翼があったと考えられているからだ。

もっとも、翼があるからといって、空を飛べたとは限らない。それどころか、恐竜類の中で翼をもつ種、翼をもっていたと考えられる種は、飛行ができなかったとみられるものの方が多い。空を飛ぶことができたとみられるものは、鳥類とその近縁のいくつかの小型種に限定されている。

空を飛べないのであれば、翼は何のために存在したのだろうか？

残念ながら（？）、自由の象徴のためにもっていたわけではないようだ。

カルガリー大学（カナダ）のダーラ・ゼレニツキーや北海道大学総合博物館の小林快次たちは、翼の起源に関する研究論文を2012年に発表している。

ゼレニツキーたちが注目したのは、「**オルニトミムス**（*Ornithomimus*）」という恐竜である。

この恐竜は全長4・8メートルほどの大きさで、小さい頭にやや長い首、長い後ろ脚と、どことなく現生のダチョウを彷彿させる姿をもつ。すべての肉食恐竜が属する「獣脚類」の中でも、同じようにダチョウ似の恐竜たちが集まった「オルニトミモサウルス類」というグループに属し、その代表種として扱われている。

オルニトミモサウルス類の恐竜の多くは、恐竜たちの中でもとくに快足の持ち主として知られ、オルニトミムスもその例に漏れることなく、幼いころから足が速かったと考えられている。

そしてオルニトミムスは、翼をもつ恐竜の中で、最も原始的とみられている。つまり、オルニトミムスになぜ翼があったのかがわかれば、翼が誕生した謎に迫ることができる、というわけだ。

ゼレニツキーたちが注目したのは、成体のオルニトミムスには翼があるものの、幼体には翼がないということだった。

この研究では、仮説の消去法による理論展開が行われている。

かねてより、翼の起源に関しては四つの仮説があった。

一つ目は、もちろん、「飛翔のために存在した」という直球の仮説。しかし、オルニトミムスをはじめ、オルニトミモサウルス類には飛行できた種は存在しない。そのため、飛翔のために存在したという仮説は成立しないことになる。

二つ目は、「獲物を捕獲するための武器だった」という仮説。翼をぶつけるように使うことで、昆虫や小型の哺乳類を捕獲していたのではないか、という考えである。たしかに、オルニトミムスが属する獣脚類というグループは、すべての肉食恐竜が属するグループである。しかし、獣脚類の恐竜がすべて肉食性というわけではない。オルニトミモサウルス類も、基本的には植物食性だったと考えられている。すなわち、武器として使っていた可能性は低くなる。

三つ目は、「走行時のバランス」として使っていたのではないか、という仮説。なるほど。快足を誇るオルニトミモサウルス類が翼を広げて走っている光景は、絵になりそうだ。しかし、すでに十分な速度で走ることができたはずの幼体には翼がなかった。したがって、この仮説も可能性は低い。

そして四つ目。何らかの「繁殖行動のため」だったとする仮説だ。求愛時に相手を魅了するために使っていたのかもしれない。巣で卵を保護するため、抱卵するために使っていたのかもしれないという仮説である。これは、幼体に翼がないことが証拠になりそうだ。なにしろ、繁殖行動のためというのであれば、少なくとも性成熟するまでは翼は必要ない。

こうした検証の結果、第4の仮説が最有力とされている。

すなわち、翼はもともと「繁殖行動のため」とみられている。ロマンチックに言い換えれば、「愛のため」に存在したものであるというわけだ。そして進化の結果として、空を飛ぶことに役立つようになったということになる。

「自由の象徴」と思っていたものが、実は「愛の象徴」だった。このことにロマンを感じるか、それとも、何らかの抵抗……たとえば、〝面倒臭さ〟を感じてしまうかは、あなた次第だろう。

もっとも、後者を切実に感じるようであれば、ちょっと勉強なり仕事なりを休んで、一息ついた方がいいかもしれない。

古生物学にもっと“浸り”たくなったら

本書は、「古生物から何かを学びとる」という1冊だ。一方、「古生物を学ぶ」学問のことを「古生物学」と呼ぶ。日本では、古生物学関係者が所属する学術団体として、「日本古生物学会」がある。本書の監修者である芝原暁彦も、筆者も、この学会に所属している。

日本古生物学会自体は研究者を中心とした集まりだけれども、日本古生物学会には、もっと門戸を広く開いている組織がある。

「化石をもっと楽しみたい」「化石研究の最前線を知りたい」という人や、「大学で古生物学を学びたい」「古生物学者になりたい」といった志をもつ中高生たちが集まる「化石友の会」だ。

化石友の会は、古生物や化石に興味のある人ならば、年齢・職業を問わず誰でも入会できる。年会費は3000円。入会すると、学会が刊行している和文の学術誌『化石』が年に2回配布されるほか、学会の研究発表と交流の場である年会・例会にも参加できる。他にも友の会主催のイベントがあったり、進路に関するさまざまな相談に応じてくれたりする。

詳しく知りたい人、申し込みたい人は、化石友の会のホームページへ。「化石友の会」で検索する、もしくは、「http://www.palaeo-soc-japan.jp/friends/index.html」へアクセスを。

古生物学にもっと“浸り”たくなった人におすすめだ。

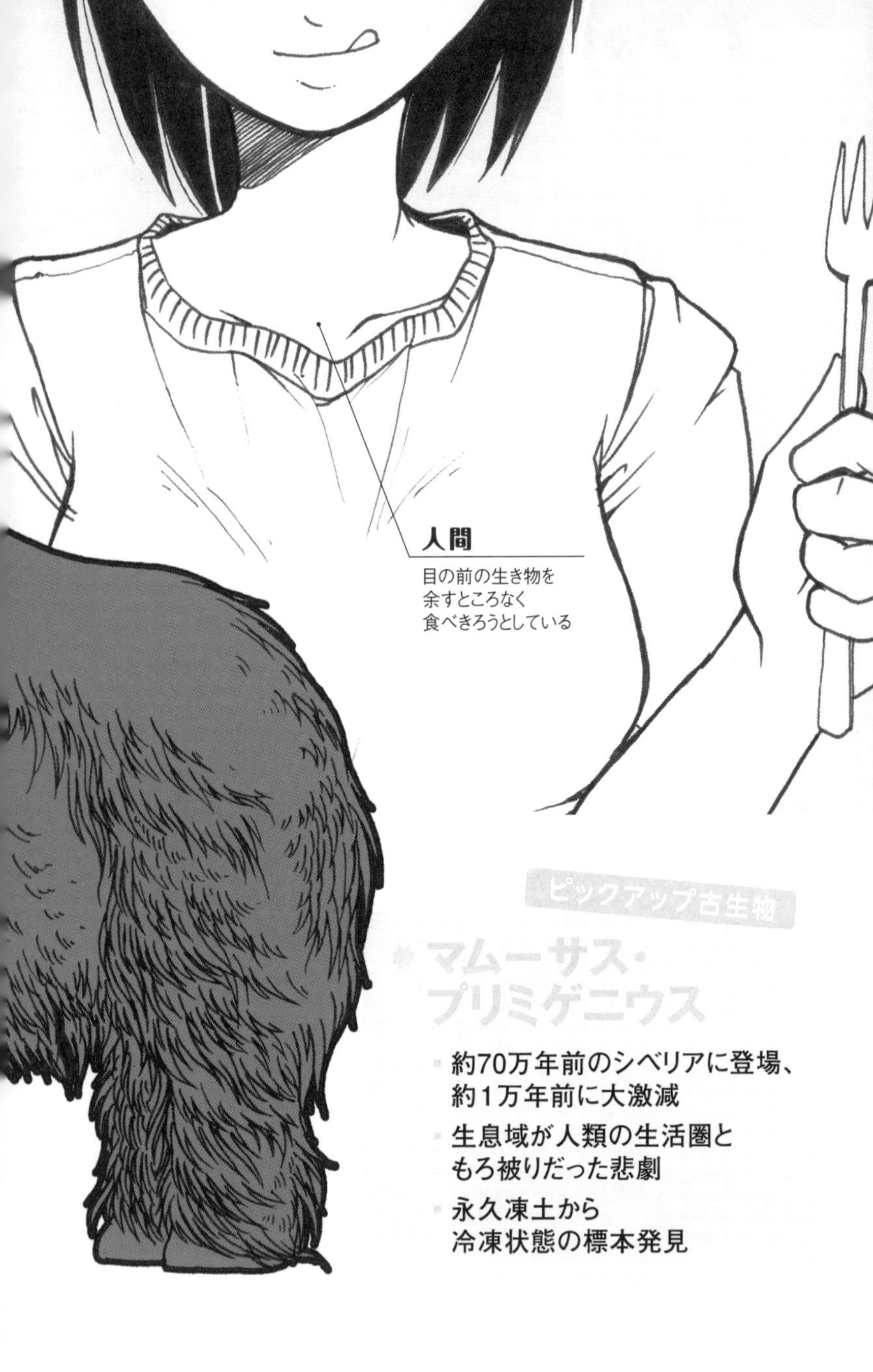

ピックアップ古生物

マムーサス・プリミゲニウス

- 約70万年前のシベリアに登場、約1万年前に大激減
- 生息域が人類の生活圏ともろ被りだった悲劇
- 永久凍土から冷凍状態の標本発見

「便利」は危険

……狩り尽くされたマンモスの話から何を学ぶ？

読み解くキーワード

1. **更新世**（約258万年前〜約1万年前）
2. **氷河時代に人類が重宝したもの**
3. **ケナガマンモスはなぜ絶滅したのか**

物事が順調に回っている〝場〟には、いわゆる「便利な人」がいるものだ。

学校然り、会社然り、友人関係然り。

一般に、「便利な人」は、業務遂行能力が高く、仕事を迅速にこなし、人間関係も円滑。自分の仕事はもちろん、頼まれた仕事はすべて余裕をもって終わらせる。その上で、他人の仕事のフォローも行い、後輩に対する指導も行う。飲み会などの幹事も務め、さまざまな点から仕事をしやすくするための環境整備にも余念がない。

そんな「便利な人」が一人いるだけで、学校も会社も友人関係も、すべてが滞りなく進む。

その仕事が正当に評価される〝場〟であれば、学校では委員長や部長などに任じられるだろうし、会社では管理職へと抜擢（ばってき）されるだろう。友人関係でも一目置かれるかもしれない。

しかし、そうした評価とは無関係に、「便利な人」は実は「便利であること」に疲弊してしまっているかもしれない。

便利であることも考えもの。「便利な人」として扱われている人も、扱っている人も、ちょっと注意が必要だ。

今回は、そんなお話。

かつて人類にとても〝便利に使われていた〟動物がいた。

その動物の名前は「**マムーサス・プリミゲニウス**（*Mammuthus primigenius*）」。英語名は「ウーリー・マンモス（Woolly mammoth）」。日本語では、「ケナガマンモス」とも「ケマンモス」とも「マンモスゾウ」とも呼ばれるゾウの仲間である（本書では「ケナガマンモス」の表記を採用する）。

ケナガマンモスは約70万年前のシベリアに登場し、とくに約10万年前以降にユーラシア北部全域で大繁栄した。その一部は、北アメリカにも渡っている。極めて広範囲で大規模に栄えながらも、約1万年前に大激減し、約4000年前に姿を消した。生きていた期間の大部分は、新生代第四紀更新世（約258万年前〜約1万年前）と呼ばれる地質時代に含まれる。

更新世は、私たち現生人類こと「**ホモ・サピエンス**（*Homo sapiens*）」が、今日へと続く繁栄の礎を築いた時代でもある。ホモ・サピエンスの祖先は、約31万5000年前のアフリカに登場し、その後しだいに勢力を広げ、アフリカから中東へ、中東からユーラシア各地へと拡散していった。

こうして広がった人類の生活圏とケナガマンモスの生息域は、もろに被っていた。

自然界における鉄則は、「大きいは強い」である（p62「デカいと強い！」参照）。肩高3・5メートルの巨体と長い牙をもつケナガマンモスは、肉食動物にとって、そう簡単に襲うことがでった。

きる獲物じゃない。その意味では、植物食動物ではありながらも、一定の〝強さ〟のある存在だった。

しかし、人類は別だ。

発達した頭脳が生み出す戦略と戦術、そして武器。集団戦を駆使することで、「大きいは強い」の原則を覆すことができた。

ケナガマンモスは人類に狙われ、狩られ、そして徹底的に利用された。

肉と脂は、もちろん食料となった。1頭のケナガマンモスからは、相当な量の食料を得ることができただろう。「大きいは強い」に挑む理由は、この食料の件だけでも十分だったかもしれない。

腱(けん)は紐としても、繊維としても役立ったとみられている。

皮は衣服に使うことができた。

牙はさまざまな武器に加工することができた。ちなみに、現在でもケナガマンモスの牙(もちろん化石)は重宝されている。主に工芸品の材料として、そして、ハンコの材料として、である。ゾウの牙に関してはワシントン条約で輸入が禁じられているため、代用品として発掘されたケナガマンモスの牙が用いられているのだ。シベリアなどでは、牙を探す「マンモスハンター」なる人々もいるという。

閑話休題。

骨も武器になる。そして、骨は建材にもなる。骨を組み合わせて、家をつくるのだ。実際、ケナガマンモスの骨を使った「マンモスハウス」は各地の遺跡で発見されている。ある遺跡でみつかったマンモスハウスは、直径5メートル、高さ3メートルのドーム状で、土台にケナガマンモスの頭骨25体分を使い、その上に95体分の顎の骨を積み重ね、そのほか、大腿骨（だいたいこつ）や肩甲骨などの大きな骨、そして長い牙を組み合わせていた。ちなみに、東京・上野の国立科学博物館では、地球館地下2階でマンモスハウスが復元・展示されている。興味をもった人はぜひ、訪ねてみてほしい。膨大な量のケナガマンモスの骨が使われていることがよくわかる。

かくのごとく、ケナガマンモスは当時の人類にとって、〝とても便利な存在〟だった。

もちろん、自身も大繁栄

更新世の人類にとって、〝とても便利な存在〟だったケナガマンモスは、更新世を代表する〝大繁栄動物〟でもある。なにしろ、西はヨーロッパ、東は北アメリカまでの広大な分布域をもっていたのだ。人類をのぞけば、これほど広大な分布域をもつ陸上動物はそうそういない。ちなみに、ケナガマンモスは日本の北海道にもやってきている。

更新世は氷期と間氷期が繰り返し訪れる氷河時代であり、とくにケナガマンモスが登場した約

70万年前以降は10万年サイクルで寒暖が繰り返されている。

ここで、少し用語を整理しておくと、現代も「氷河時代」とみなされることが一般的だ。温暖化の危険性が叫ばれる昨今ではあるが、実は地球史全体でみると寒冷な時期であり、各地に氷河が残っている。現代は、氷河時代の中で一時的に寒さの緩んだ間氷期と位置づけられる。「氷河期」は氷河時代とほぼ同義である。狭義においては、「氷河時代」も「氷河期」も「氷期」を指して用いられることがあるので、いささかややこしい。地球史の視点でみれば、氷河のない「温室期（温暖期）」と氷河のある「氷河期」が繰り返され、氷河期の中でもとくに寒い「氷期」と寒さの緩んだ「間氷期」が繰り返されている……と覚えておけば、およそ誤りではないだろう。厳密な定義の議論は、専門家に任せておけばイイ。

さて、本筋に戻る。

ケナガマンモスは、氷河時代のユーラシア北部から北アメリカ北部にかけて栄えていた。つまり、寒い時期に寒い地域で繁栄したということになる。そのため、同じく寒い地域に進出してきた人類にとって、〝とても便利な存在〟で、狩猟の対象となってしまった。

なぜ、ケナガマンモスは、寒い時期に寒い地域で栄えることができたのか。

それはケナガマンモスが徹底的な〝耐寒性能〟をもっていたからにほかならない。

まず、その名が示すように、ケナガマンモスは全身が長い毛で覆われていた。しかも、その毛

は単純に「長い」というだけではない。細く柔らかな下毛と、太くまっすぐな上毛の二層構造だった。この二層構造によって、ケナガマンモスの体温はそう簡単に逃げないようになっていた。

耳が小さいこともケナガマンモスの特徴の一つだ。耳は多くの動物にとって放熱器官のようなもの。大きければ大きいほど熱を逃がしやすく、小さければ小さいほど熱を逃がしにくい。現生ゾウ類を見ても、より暑い地域で暮らすアフリカゾウの耳は、アジアゾウよりも大きくなっている。そして、ケナガマンモスの耳はアジアゾウよりもはるかに小さかった。

ケナガマンモスは、肛門に蓋をすることができた、という点も大事なポイントだろう。体表が毛で覆われているとはいえ、口と肛門は体内と直結する場所で毛で覆いようがない。そのため、口と肛門から熱が逃げていく。口は閉じればよい。では、肛門は？　肛門括約筋に四六時中力を入れているのはいささか大変だ。そこで、ケナガマンモスの場合、尾の付け根に皮膚のひだがあり、肛門に蓋をすることができた。これにより、肛門からの放熱も防ぐことが可能だった。

こうした他の動物にはない〝耐寒性能〟がケナガマンモスの大繁栄を支えていたのである。

なお、多くの動物では毛や耳、皮膚などは化石に残らないので、ここまで議論することができない。しかし、ケナガマンモスの場合は永久凍土から冷凍された標本がいくつも発見されており、その観察と分析が他の古生物にはない情報をもたらしている。

便利すぎて絶滅か

更新世の世界で圧倒的な繁栄を誇っていたケナガマンモスは、約1万年前に激減し、最後まで残った個体も約４０００年前に姿を消したと言われている。この約４０００年前の個体は、島という半ば隔離された空間で生き残っていたもので、一般的な〝ケナガマンモスの絶滅時期〟からは外して考えられることが多い。

ケナガマンモスの絶滅理由に関しては、議論がある。

約1万年前といえば、地球の気候が氷期から間氷期へと移り変わっていた時期でもある。気候が変われば植生が変わる。植物食であるケナガマンモスにとっては、「食」を直撃する環境の変化といえるだろう。この変化に対応しきれず、ケナガマンモスは滅んだのではないか、という説がある。もっとも、この説では、約４０００年前まで生きていた個体がいることを説明することはできない。

根強いのは、人類による過剰殺戮（オーバーキル）説だ。なにしろ、食料から衣類、建材にまで利用できる便利な動物である。人類は徹底的にケナガマンモスを狩り尽くし、利用し尽くし、絶滅させてしまったのではないか、ともみられている。実際、ある地域では人類の到達とケナガマンモスのような大型哺乳類の絶滅時期が一致するという。

「便利だから狩り尽くされた」という見方は、現代社会にも一つの教訓を与えないだろうか。冒頭で紹介した「便利な人」。彼・彼女の心身は、本当にそれで良いのだろうか。本人も気づかないような疲労がたまっている可能性は？

あなたが「便利な人」ならば、これを機会に健康を振り返るのも良いだろう。「便利な人」に頼る側の人ならば、たまには「便利な人」の苦労も考えてみてはどうだろうか。絶滅して（たおれて）しまっては、元も子もない。

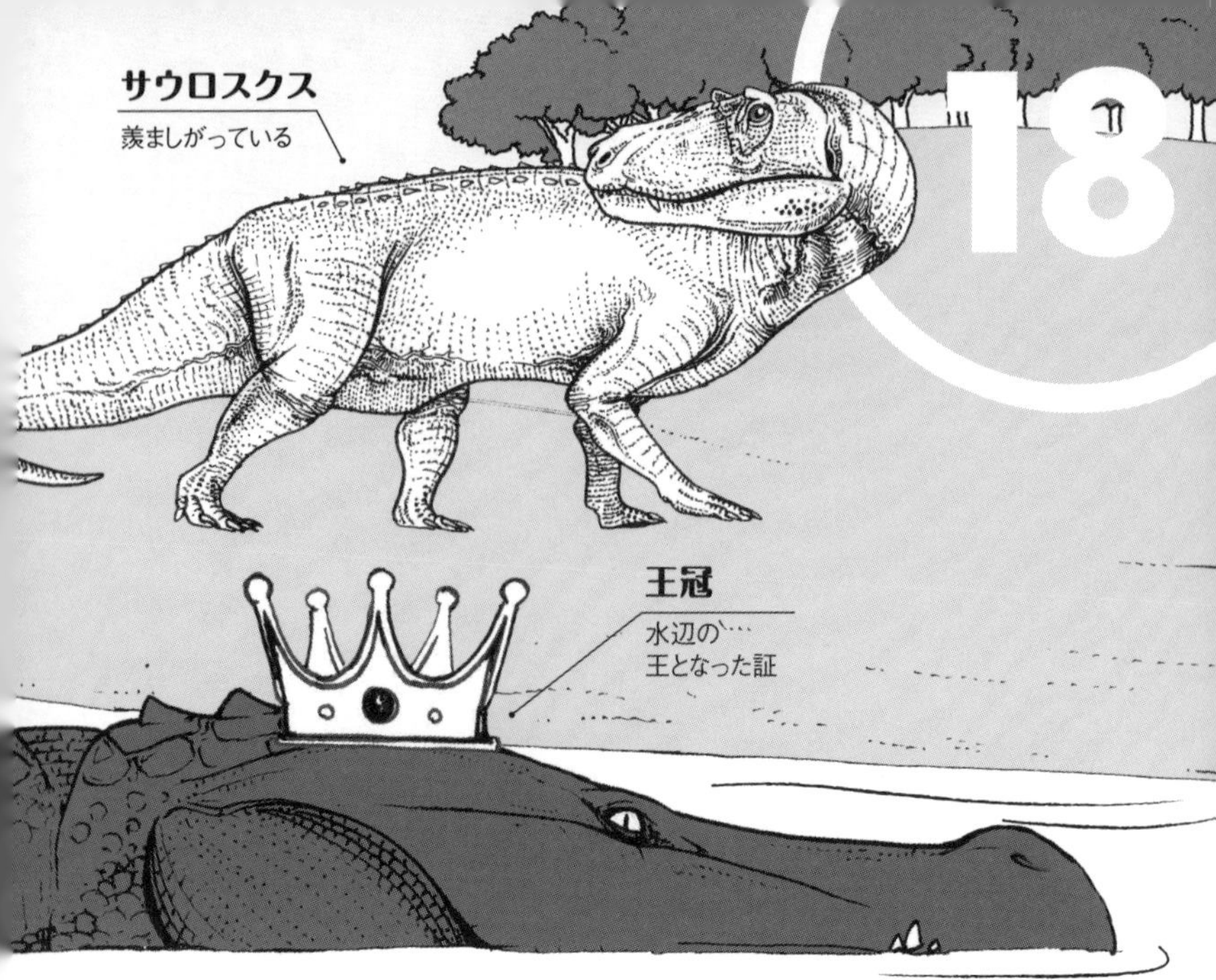

自分の"得意なフィールド"で生きる

ピックアップ古生物

サウロスクス

全長5m
ワニに似てるけど直立歩行
アルゼンチンで化石発見

デイノスクス

超巨大なアリゲーター（全長12m）
噛む力は1万7000ニュートン
敵がいないから長生き

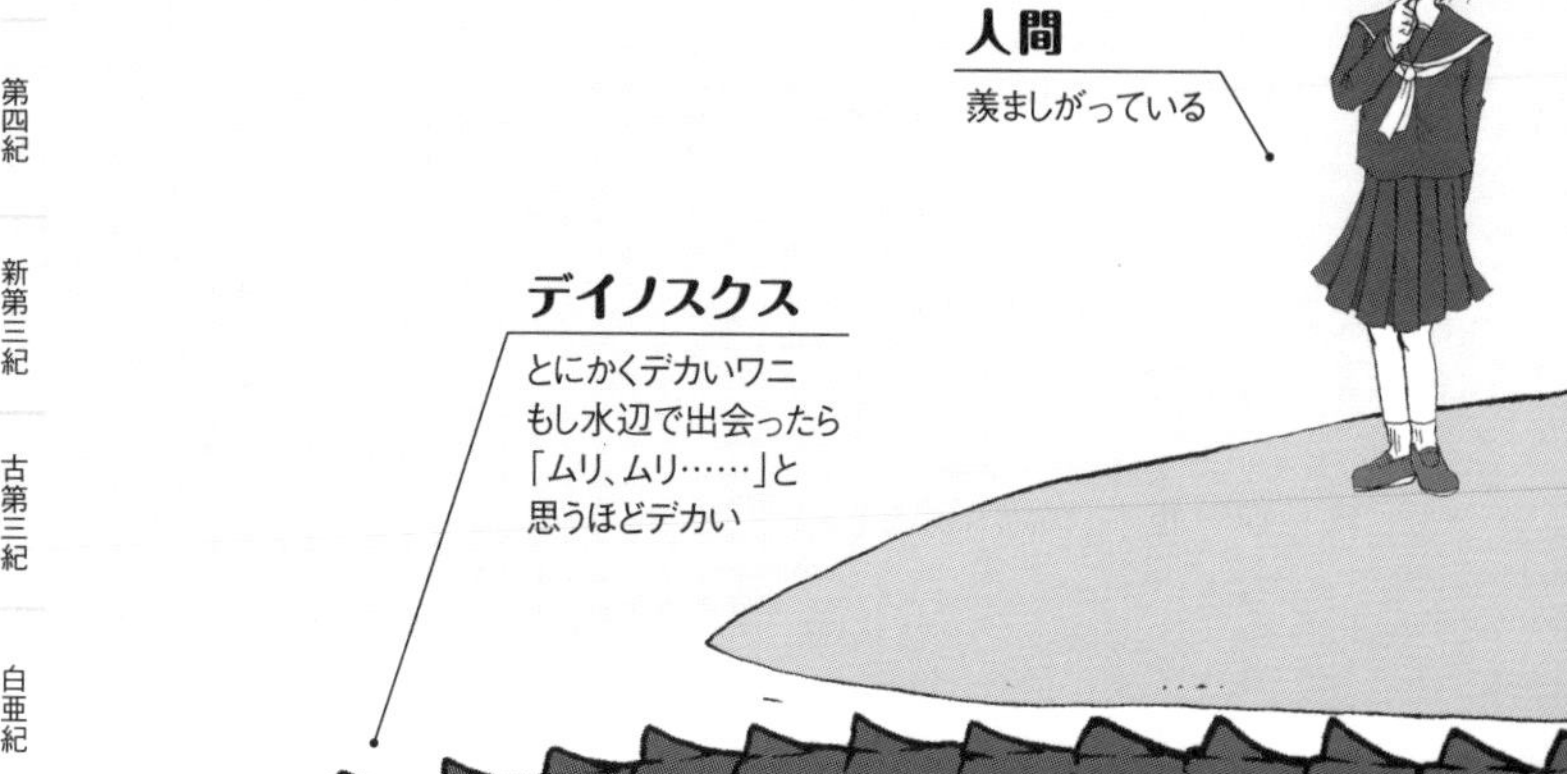

読み解くキーワード

1 **単弓類VS恐竜類VS偽鰐類**

2 **三畳紀**
（約2億5200万年前～約2億100万年前）

3 **ワニ形類の「水辺への進出」**

あなたの属する組織の中にも、「主流」と「非主流」が存在しているかもしれない。組織が大きければ大きいほど、非主流が存在する可能性は高くなるだろう。

たとえば学生、とくに進学校の高校生ならば、理系クラスに属していながらも、文系教科の方が得意であるとか。

たとえば出版社。理系雑誌編集部で、文系ネタの方が得意であるとか。

主流の生き方はたしかに安定している。理系クラスならば、理系重視のカリキュラムがあるだろうし、理系雑誌編集部ならば、理系ネタの採用率が高かろう。

しかし、主流の人々がもたない武器をもつ非主流の生き方をみつけることは、ときに〝非主流者〟にとって、思わぬ成功につながることがある。今回は、そんな話だ。

かつては〝主勢力〟だった

三畳紀という時代がある。恐竜時代として知られる「中生代」を構成する三つの「紀」の最初の一つで、年代値は約2億5200万年前から約2億100万年前までの約5100万年間。

三畳紀は、「恐竜類が登場した時代」として知られている。

もちろん、この表現は間違っていない。しかし恐竜類だけに注目していると、三畳紀という時代を見誤る。

三畳紀の陸上世界は、三つの脊椎動物グループによる〝勢力争い〟が展開されていた。

三つのグループのうちの一つは、「単弓類」。私たち哺乳類とその近縁種を含むグループだ。単弓類は三畳紀の前の時代にあたる古生代ペルム紀（約2億9900万年前〜約2億5200万年前）に一大勢力を誇っていた。しかし、ペルム紀末に発生した大量絶滅事件によって大打撃を受

け、三畳紀では衰退しつつあったグループである（p16「没落したら、復活すればいい」参照）。

残る二つのグループのうち、一つはもちろん、「恐竜類」だ。中生代の主役ともいえる爬虫類のグループである。三畳紀後期に出現したこのグループは、のちに10メートル超級の肉食恐竜や、数十メートル級の植物食恐竜を〝輩出〟するものの、三畳紀においてはまだ〝駆け出し〟だった。

そして、残る一つのグループを「偽鰐類（ぎがくるい）」という。このグループの名は、「ワニ（鰐）」に「偽」という文字がついている。しかし実際には、ワニ類自身も含まれる。ワニ類とその近縁の仲間たちで構成されている。

衰退しつつある単弓類。

新たに台頭した恐竜類と偽鰐類。

この三つの脊椎動物グループによる三つ巴（みつどもえ）。それが、三畳紀の陸上世界で行われていた〝勢力争い〟だった。

このうち、最も〝強力な勢力〟だったのは、偽鰐類だ。

その象徴ともいえる存在が、アルゼンチンから化石がみつかっている「**サウロスクス**（*Saurosuchus*）」である。

サウロスクスを一言で表現するなら、「がっしりとした顎をもち、直立歩行をする大型ワニ」だ。全長は当時最大級である5メートルに達し、四肢をしっかりと地面につけて歩いていた。その頭骨は、かの有名な肉食恐竜である「**ティラノサウルス**（*Tyrannosaurus*）」を彷彿させるほどのがっしり型で、そこには大きな歯が並ぶ。もちろん、肉食性だ。首は太く、そして尾は長かった。

「ワニ」と表現し、実際のところ、ワニ類に近い存在ではあるけれども、ワニ類ではない。ワニ類との大きなちがいの一つは「直立歩行をする」という点だ。この場合の「直立歩行」とは、私たちヒトのように、二本足で立ち、背筋を伸ばして歩くこと……ではない。それは「直立二足歩行」という。直立歩行とは、あしが胴体の下に向かってまっすぐ伸びること。ワニ類の四肢は胴から側方へ伸びているのに対し、サウロスクスの四肢は胴から下方へまっすぐ伸びた、まさに直立歩行だった。直立歩行は、恐竜類や多くの哺乳類で〝採用〟されているあしのつき方である。

サウロスクスが登場した時代には、恐竜類も登場していた。しかし、その多くは全長1メートルほどの小型種で、サウロスクスと同等の全長値をもつ種もいることはいたが、ほっそりとしていてとてもサウロスクスと〝覇〟を争えるような姿をしていなかった。

肉食性の〝強者〟だけではない。三畳紀の偽鰐類には植物を食べる種類がいたり、背中に大きなトゲを発達させた種類がいたり、足の速い種類がいたりした。

肉食性の偽鰐類に関しても、サウロスクスの登場の約２０００万年ほどのちに、全長10メートル級の大型種が出現している。

三畳紀という時代、偽鰐類はその黄金時代を築いていたのである。

〝生きる場所〟を見出した

三畳紀末、大規模な大量絶滅事件が発生した。その原因は、隕石衝突とも、溶岩の大量噴出とも言われている。率直に言って、この絶滅事件の原因はよくわかっていない。しかし、陸と海で多くの動物が姿を消したということはたしかだ。

え？　また起きたの？

そう思われた読者もいるかもしれない。三畳紀が始まる直前には史上最大の大量絶滅事件があり、三畳紀末にも規模はやや劣るものの大量絶滅事件があった。実は三畳紀は、その前後を大量絶滅事件に挟まれているという、ほかに類をみない地質時代なのである。

絶滅の原因や、当時の地球にどんな環境変化が起きたのかは定かではない。

しかし、三畳紀が終わり、新たな時代としてジュラ紀が始まったとき、三つ巴の様相はかなり変わっていた。

単弓類においては、哺乳類だけが生き残り、もはや「〝三大勢力〟の一翼を担う」とはいえないほどに〝弱体化〟していた。

三畳紀世界で繁栄を誇っていた偽鰐類では、その大部分が姿を消し、ワニ類に連なるグループが生き残った。

そして、この二つのグループが衰退する中で、恐竜類が空前の繁栄を迎えようとしていた。彼らはその後、「中生代は恐竜時代」と言われるほどの栄華を築くことになる。彼らの〝王国〟は、1億3000万年以上にわたって続いていく。

この恐竜類の繁栄に関してはよく知られた話であるし、本書でもさまざまな場面で紹介しているので、ここでは取り扱わない。

注目すべきは、偽鰐類の生き残りであるワニ類に連なるグループだ。このグループは、「ワニ形類」と呼ばれている。

ワニ形類は当初、恐竜類たちと同じ生活圏で命を紡いでいた。

しかしジュラ紀の間に、ワニ形類は新たな〝フィールド〟を〝開拓〟することに成功する。

それが「水辺」だった。

多くの恐竜類が内陸を闊歩（かっぽ）する中で、ワニ形類は水辺に新たな生活圏を見出したのである。

このとき、水辺に進出したワニ形類は、ワニ類ではないものの、見た目はワニ類とそっくりだった。四肢はサウロスクスのように胴体の下方に伸びるのではなく、ワニ類のように側方へ伸び、頭部は幅広で前後に長く、口先ほど細い。背中には鱗板骨（りんばんこつ）と呼ばれる〝装甲板〟が列をつくっていた。

この「水辺への進出」が功を奏した。

このとき以来、ワニ形類は水辺の生態系において上位に君臨することになるのだ。このときに確立された水辺の支配権は、今日まで続いている。現在のワニ類は、20種以上の多様な種を擁し、とくに温暖な地域の水辺の生態系を我がものとしている。

ちなみに、ジュラ紀におけるワニ形類の「水辺への進出」は、〝勢い余って〟完全な水中種さえも生み出している。四肢がひれとなり、尾びれをもった種類がいくつも出現したのである。

完全に水棲に適応したワニ形類は、その後一定の成功をみて、ジュラ紀だけではなく白亜紀にもいくつかの種類を残した。しかし、白亜紀末の大量絶滅事件（恐竜類の絶滅で知られる事件。いわゆる「K／Pg境界大量絶滅事件」のこと。p72「絶滅とか生き残りとか、結局は運」参照）を待たずに姿を消している。

〝新天地〟で大成功

ともかくも水辺におけるワニ形類は、一定の覇権を確立することに成功した。

恐竜類さえ圧倒したとされる種類を一つ、紹介しておこう。

「**デイノスクス**（*Deinosuchus*）」である。

デイノスクスはアメリカに分布する白亜紀の地層から化石がみつかっているワニ形類だ。より正確に書けば、ワニ形類の中の1グループであるワニ類の一員であり、ワニ類の中の1グループであるアリゲーター類の一員でもある。

アリゲーター類ということは、つまり現生のアメリカアリゲーターなどと近縁ということである。その見た目は、たしかにアメリカアリゲーターとよく似ている。

よく似ているが、……サイズが決定的に異なった。アメリカアリゲーターは全長6メートルほど。これに対して、デイノスクスは、実に12メートルもの全長があった。12メートルといえば、肉食恐竜の帝王であるティラノサウルスとほぼ同サイズだ。巨大な顎がつくり出す「噛む力」は、実に1万7000ニュートンを超えたと分析されている。この値はティラノサウルスには遠くおよばないものの、それでも大抵の肉食恐竜や現生ワニ類を上回っていた。

なぜ、これほどまでに巨大なアリゲーター類が出現したのか。

一つには、デイノスクスには天敵と呼べる存在が少なく、順調に年を重ねることができたからだと考えられている。12メートルにまで成長した個体の年齢は、50歳を超えていた。しかも、そのうちの35年間は、いわゆる「成長期」だったとみられ、さらに成長期後もゆるゆると大きくなり続けていたらしい。この長い寿命こそが、彼らがいかに水辺で〝支配権〟を確立していたかを物語っている。〝長寿社会〟は、安定した平和な環境にこそ、現出するからだ。

白亜紀末の大量絶滅事件以降は、これほどの大型種は姿を消すものの、現在でも全長7メートルのイリエワニを中心にワニ類は多数の大型種を擁している。デイノスクスの「12メートル」という値のあとに「7メートル」と聞くと小さく感じるかもしれないが、現在の地上にこれほどのサイズをもつ動物はいない。ちなみに、恐竜時代のワニ類やその仲間に関しては、北海道大学総合博物館の小林快次が『ワニと恐竜の共存』という本を著している。本項でもこの本を大きく参考とした。日本語で読むことのできる中生代ワニ情報の貴重な1冊だ。おすすめである。

さて、三畳紀に繁栄した偽鰐類から生き残ったワニ形類は、水辺に適応することで子孫を残し、そして繁栄し、今日まで「水辺の支配者」たる地位を築くことに成功した。結果論からいえば、ジュラ紀に内陸で栄えることになった恐竜類よりも、〝支配者の座〟に長く残っていることになる。自分の〝主戦場〟を確立した者が、いかに強力だったかという、そんなお話だ。

19 体むときこそ万全の準備を

……敵も休んでいるとは限らない

ピックアップ古生物

ウルスス・スペラエウス

・更新世の最恐哺乳類
・日本語では「ホラアナグマ」
・骨の化石は「ユニコーンの骨」「ドラゴンの骨」として販売されていた

焦る人間

!?

ホラアナグマ
気持ちよく睡眠中

Zzz…

読み解くキーワード

1 更新世（約258万年前〜約1万年前）
2 「同じ洞窟から化石が発見される」とは何を意味するか？
3 冬眠中の活動レベル

働き方の多様化が進む現代では、自分が休むときに他人も休むとは限らない。

いわゆる「働き方改革」の推進によって、会社単位では有休取得が励行されている。しかし実際のところ、自宅で仕事をやらざるを得なかったり、あるいは、自宅で仕事を進めたかったりする。

筆者のような個人事業主（フリーランス）にとっては、そもそも休暇の取り方は自分の仕事の状況や、（正直なところは）気分によると

ふっふっふ……

ホラアナライオン（左）と
ホラアナハイエナ（右）

寝込みを襲おうと企み中

ころが多い。あえて一般社会の多数派が休みを取るときに仕事をし、多数派が仕事をしているときに休めば、各種観光地なども空いているというものである。

休みの取り方が多様化する現在。意識しなくてはいけないのは、「自分が休んでいるからといって、他人も休んでいるとは限らない」ということだろう。

そもそも自然界では、すべての動物が「一斉に休む」ということはありえない。そして、どんな強者であっても、休むときは休む。そのとき、強者に何が起きるのか。

今回はそんなお話……かもしれない。

"エース"だって、休むときは休む

かつて、ほんの数万年前のユーラシア北部に、頭胴長が2メートルに達するという大型のクマがいた。その姿はどことなく現生のヒグマと似ているが、ヒグマより足は短めで、頭部が大きかった。植物食性ながらも、当時の「最恐動物」の一つに数えられるこのクマのことを「**ウルスス・スペラエウス**（*Ursus spelaeus*）」という。

ウルスス・スペラエウスは、新生代第四紀更新世（約258万年前〜約1万年前）を代表する哺乳類だ。

更新世という時代は、氷期と間氷期が繰り返し訪れていた時代で、ユーラシア北部はしばしば

氷と雪に閉ざされていた。ウルスス・スペラエウスはそんな寒冷な時代に大繁栄し、とくにヨーロッパ各地からその化石が大量に発見されている。現在のヒグマと同じように、各地の生態系で最上位層に君臨する存在だったとみられている。

ちなみに、あまりにも多数の化石がみつかるため、中世のヨーロッパではその骨の化石を「ユニコーンの骨」「ドラゴンの骨」として扱っていたとされる。

ヒグマ似のウルスス・スペラエウスは、ユニコーンやドラゴンとは似ても似つかない。それは骨で見ても同じである。

しかし、指の骨1本、肋骨(ろっこつ)1本などではこうした架空の動物の骨と見分けはつきにくいし、砕いてしまえばもとの形状は関係ない。かつては、そうして粉末にされたウルスス・スペラエウスの化石が、「ユニコーンの骨」「ドラゴンの骨」として販売されていたという。曰く「長寿の薬」「万病に効く薬」として扱われていたらしい。なお、このあたりの伝承と古生物の関係については、妖怪古生物学者の荻野慎諧の監修を得て執筆した拙著『怪異古生物考』に詳しくまとめたので、ご興味ある方はそちらをご覧いただきたい。

さて、ウルスス・スペラエウスには、〝二つ名〟が存在する。英語で「ケイブ・ベア（Cave bear)」。日本語はこれを直訳し、「ホラアナグマ」という。その化石の多くが、洞窟から発見されることにちなむものだ。「ウルスス・スペラエウス」と書き続けるのもナニなので、ここから先は「ホラアナグマ」を使っていくとしよう。

ホラアナグマが更新世を代表する動物である理由の一つは、その発見されている化石の数にある。先ほど「大量に発見されている」と書いた。実際のその〝大量さ〟は、半端ではない。たとえば、ルーマニアにある「ベア・ケイブ」という洞窟からは、実に１４０個以上の化石が発見され、ドイツのペリック洞窟群では、２４００個超の化石がみつかっている。中世に行われた〝化石の乱獲〟を経ても、なおこの数である。

この「更新世の最恐動物」は、どうやら洞穴を住処（すみか）とし、冬眠場所や出産場所としても使っていたらしい。厳しい気候の中、彼らは洞穴で〝休息を取っていた〟のである。

油断すれば狙われる

寒冷な時代。ホラアナグマは、洞窟を住処とすることで、一定の繁栄を得ていた。

実は、「ホラアナ（Cave）」を冠した更新世の哺乳類は、ホラアナグマだけではない。

「**クロクタ・スペラエア**（*Crocuta spelaea*）」は「ホラアナハイエナ」と呼ばれ、「**パンセラ・スペラエア**（*Panthera spelaea*）」は「ホラアナライオン」と呼ばれている。……勘の良い方は気づかれたかもしれないが、学名に含まれる「スペラエウス（*spelaeus*）」や「スペラエア（*spelaea*）」が、「洞窟（ホラアナ）」を示している。

ホラアナハイエナは、頭胴長1・5メートルほどで、その名が示すように現生のハイエナと近縁であり、そして姿もよく似ていた。

ホラアナライオンは、頭胴長2・5メートルほどで、やはりその名が示すように現生のライオンと近縁である。ただし、現生のライオンのようなたてがみや尾の先の房はなかったとみられている。

ホラアナグマ、ホラアナライオン、ホラアナハイエナの化石は、それぞれ別の洞窟から発見されることもあれば、同じ洞窟から発見される例も少なくない。

同じ洞窟から化石が発見される場合、寒冷な気候を避け、種の垣根を越えて、お互い洞窟で身を寄せ合っていた……という証拠が発見されていれば、それは実にほのぼのした話。

しかし、現実はやはり厳しかったようだ。

先ほど、ホラアナグマの化石が発見される場所として、ドイツのペリック洞窟群を挙げた。この洞窟群の化石を調べたエミール・ラコヴィッタ洞穴学研究所（ルーマニア）のカユース・G・ディードリッヒが2009年にまとめた研究によると、ホラアナグマ、ホラアナライオン、ホラアナハイエナの化石がともにみつかる洞窟では、ホラアナグマの化石にある傾向がみられるという。

それは、ホラアナグマの骨に、ホラアナライオンやホラアナハイエナによる噛み痕が発見されることが多いという点だ。ある洞窟では、そうした噛み痕が確認できるホラアナグマの割合は、実に41パーセントにおよぶという。

少しホラーな話になるかもしれないけれど、想像してみてほしい。

修学旅行などで、クラスの仲間40人が、旅館の大部屋でともに寝たとする。一晩経過して起きてみると、そのうちの16人が何らかの傷を負っているのである。41パーセントという割合は、そういう値である。

ホラアナグマは洞窟を住処としていたとみられるが、ホラアナライオンやホラアナハイエナは、洞窟を「狩り場」としていた可能性があるとディードリッヒは指摘している。

通常、ホラアナグマのような大型の哺乳類を狩ることは、襲う側に相当のリスクが伴う。そのため、よほどのことがなければ、そうした大型の哺乳類は襲われることはない。ホラアナグマは頭胴長2メートルの巨体の持ち主で、しかも太い腕には強力な爪があり、口にも鋭い牙があった。「更新世の最恐動物」とされるほどの強力な動物である。

ただし、どんなに強力な動物であっても、無防備になる時間が存在する。それが睡眠中だ。とくに、寒さに耐えるために、活動レベルを落としている冬眠中ともなれば、無防備極まりない。反撃してこないのであれば、それは頭胴長2メートルの〝大きな獲物〟である。そっと忍び寄り、まさに寝首をかくように、ホラアナライオンやホラアナハイエナはホラアナグマを襲ってい

たのかもしれない。

ホラアナグマが冬眠しているとき(休んでいるとき)であっても、ホラアナライオンやホラアナハイエナは休んではいなかった。むしろ、活動的でさえあったといえる。

自分が休むような状況でも、アグレッシブに活動している者はどこの世界にもいるものだ。

この視点を「仕事中毒者の戯言(たわごと)」とみるかどうかはあなた次第。ただし、実際にホラアナグマのような〝時代のエース〟であっても、休憩中に襲われるという事実は、何かを暗示しているともいえよう。

もっとも、さすが「更新世の最恐動物」というべきか。

ホラアナライオンとホラアナハイエナが洞窟を住処としていなかったのであれば、彼らの化石がその洞窟でみつかるということは、「そこで死んだ」ということである。住処としていたホラアナグマとはちがう。彼らは洞窟を出ることなく死んだのだ。寝ているものと思って襲いかかり、しかし実は起きていたホラアナグマによって返り討ちにあったのかもしれない。

休息に固執すると滅ぶ？

ホラアナグマは、約1万年前に絶滅したとされている。このタイミングは、更新世に生きていた他の大型動物の絶滅時期と一致する（p152「『便利』は危険」参照）。

更新世末、大型の哺乳類が次々と姿を消していった。

その原因に関しては当時、気候が暖かくなっていったため、植生が変わり、植物食動物はその変化に対応しきれなかったという説と、人類によって狩り尽くされてしまったという説がある。

マックス・プランク進化人類学研究所（ドイツ）のマシアス・スティラーたちは、DNA分析の結果に基づいて「ホラアナグマは約1万年前に突然滅んだわけではない」という研究結果を2010年に発表している。

スティラーたちの研究によると、ホラアナグマは絶滅よりもさらに1万5000年ほど前、すなわち、現在よりも約2万5000年前からゆるやかに数を減らしていたとみられるという。

このゆるやかな滅びの背景には、環境変化と人類による狩り、その両方が関係していると指摘した上で、スティラーたちは他の要因もあったと指摘している。

それは、「洞窟を人類に奪われた」というものだ。

ホラアナグマのような動物は、ホラアナライオンやホラアナハイエナにとってそうであったように、人類にとっても「リスクの高い獲物」である。ケナガマンモスなどと比べると、殺したのちに利用できる部位が多いというわけでもない。

積極的に狩る相手ではない。

しかし、「洞窟という住処」を奪い合うのであれば、話は別である。ホラアナグマの休息場所、

そこは人類にとっても快適な空間だ。その空間を人類によって狙われ、襲われ、奪われ、その結果として、ホラアナグマは次第に数を減らしていったのではないか、というのだ。

「更新世の最恐動物」と言われ、大繁栄したホラアナグマでさえ、休息中にホラアナライオンとホラアナハイエナに襲われ、そして、休息場所を人類に奪われて数を減らしていくことになった……のかもしれない。

ホラアナグマが他種の襲来に対してどれだけ事前準備することができたのかはわからない。

しかし、私たち現生人類は休息前にできることは多いだろう。あとで慌てないためにも、休息前のさまざまな手配……たとえば、自分の休息期間中であっても働いている同僚などへの引き継ぎや連絡などが大切だ。ホラアナグマだって、洞窟の奥で休む個体、入り口で守る個体などに分かれていたら、滅ぶことはなかったのかもしれない。

ひねくれたって、成功できる

ピックアップ古生物

ユーボストリコセラス

・バネみたいな形をしている
・直径5㎝前後、高さ10㎝ほど

ニッポニテス・ミラビリス

・1904年に北海道で化石が産出された
・日本古生物学会のシンボルマーク
・殻がとにかく複雑な形状をしている

読み解くキーワード

1 頭足類

2 異常巻きアンモナイト

3 「化石がみつかる」とは何を意味するか?

【ひねくれる（捻くれる）】

・性質・考え方・状態が素直でなくなる。

・ねじける。

（岩波書店『広辞苑第七版』より抜粋）

あなたの周囲にも、「ひねくれた人」がいるのではないだろうか。

さまざまなことを素直に受け取らない。褒めたとしても喜ばず、褒められたことを疑ってしまう。みんなで何かを進めようとすると、その〝進路〟が一人だけ明後日の方向を向いている。しかもそれを悪びれない。

自分は自分。まわりとはちがう。協調性が低く、ときに相手を見下したり、あるいは妙に自己評価が低かったりする。

でも、ひねくれたこと自体が、必ずしもマイナスに働くとは限らない。独創的な発想、ネガティブな視点からくる客観性など、ひねくれ者ならではの活躍の場もあるはずだ。

生命の歴史においては、〝ひねくれ者〟を多数輩出し、繁栄を勝ち取ったグループがある。そのグループの名前は、おそらく古生物に詳しくない人でも知っている。

「アンモナイト類」である。

初めはまっすぐだったが……

「アンモナイト」という言葉は、「恐竜」「三葉虫」と並んで多くの人に知られていることだろう。

そして、多くの人がイメージするアンモナイトとは、おそらく次のような姿にちがいない。

すなわち、殻がぐるぐると螺旋を巻いている姿。カタツムリの殻をより扁平にしたような姿。より専門的に書けば、平面螺旋状に殻が巻き、外側の殻と内側の殻がぴったりとくっついている姿。……そんな姿を思い浮かべるのではないだろうか。

たしかにそんな姿のアンモナイトは、このグループの〝主力〟となっている。しかし、実はほかにもさまざまな姿をもつアンモナイトが存在した。

そもそも「アンモナイト」とは一つの種を指すわけではなく、「アンモナイト類」というグループを指す言葉である。アンモナイト類は、頭足類に分類されるグループで、恐竜たちとともに今から約6600万年前の中生代白亜紀末に絶滅した。恐竜時代の海のイラストを描くと、必ず登場する〝名脇役〟といえる。

頭足類ということは、タコ類やイカ類、オウムガイ類と近縁ということである。タコやイカと聞くと「ん?」と思うかもしれないけれど、オウムガイであれば「さもありなん」と思っていただけるだろう。

なお、カタツムリの殻や巻貝の殻と、頭足類であるオウムガイ類やアンモナイト類の殻には決定的なちがいがある。

カタツムリや巻貝の殻は、殻の入り口から奥までとくに遮るものがなく、つながっている(お節料理でおなじみのバイ貝を思い出していただくといいかもしれない)。

一方、オウムガイ類やアンモナイト類の殻の内部にはいくつもの隔壁があり、入り口と奥はつながっていないのだ。オウムガイ類やアンモナイト類の脳や内臓などの軟組織は、「住房」と呼ばれる殻の入り口から近い空間におさまっているのである。

オウムガイ類やアンモナイト類において、隔壁で分けられた空間を「気室」と呼ぶ。各気室を貫通する細いチューブが存在し、そのチューブを通じて、各気室に体液を送り込んだり、排出したりすることができる。これによって、気室の液体量を調整し、浮力を調整する。それがオウムガイ類やアンモナイト類などの浮力調整システムだ。現代の潜水艦と同じしくみである。

閑話休題。

アンモナイト類は、その近縁グループとともに「アンモノイド類」というより広いグループに属している。アンモノイド類はオウムガイの仲間（オウムガイ類）より進化したとされる。

平面螺旋状の形がよく知られているアンモナイト類だけれども、その祖先のアンモノイド類が登場したとき、殻は円錐形……つまり、まっすぐだった。

まっすぐな殻で始まったアンモノイド類は、時代を追うにつれて殻を弓なりにし、先端を巻き込むようにして丸みを帯び、そして平面螺旋状になり、やがて外側の殻と内側の殻がぴったりとくっついて、よく知られる形へと進化したのである。アンモノイド類に起きたこの変化は、古生代デボン紀という約４億１９００万年前から約３億５９００万年前までの期間に起きた。

なぜ、まっすぐの殻が丸まったのだろうか？

チューリッヒ大学古生物学博物館（スイス）のクリスティアン・クルッグとフンボルト博物館

（ドイツ）のディエター・コーンが2004年に発表した研究によると、殻がまっすぐな種よりも、丸まった種の方が速く泳ぐことができたそうである。

ひねくれても大成功

平面螺旋状にぴったりと巻く殻を〝手に入れた〟アンモノイド類はその後大いに繁栄し、1万種を超す多様性をみせることになる。

驚くべきは、その〝タフさ〟だ。約3億7200万年前の古生代デボン紀後期、約2億5200万年前の古生代ペルム紀末、約2億100万年前の中生代三畳紀末にそれぞれ発生した合計3回の大規模な大量絶滅事件を乗り越えているのだ。大量絶滅事件の都度、大打撃を受けたけれども、命脈をしっかりと残し、そして不死鳥のごとく〝復活〟し、再び多様化を遂げている。彼らの歴史の中で乗り越えられなかった大規模な大量絶滅事件は、約6600万年前の白亜紀末に起きたものだけだ。

アンモナイト類は、三畳紀になってアンモノイド類の中の一つのグループとして登場し、約2億100万年前に中生代ジュラ紀が始まると、いっきに繁栄の道をたどるようになる。このグループは、三畳紀末の大量絶滅事件を生き残った唯一のアンモノイド類だった。

多様化が進む中で、アンモナイト類にはちょっと変わった種類が登場する。祖先が手にした

「平面螺旋状にぴったりと巻く殻」を〝ほどいた種〟が登場したのだ。

こうしたアンモナイト類は、「異常巻きアンモナイト」と呼ばれている。

この「異常巻き」という言葉が、少しややこしい。「異常」とはいっても、これは遺伝的異常や、病的異常、進化上の異常を指した言葉ではない。もしもこうした異常であるならば、「種」として認識されるほどの個体数が化石として残らない。しかし、異常巻きアンモナイトは、各種かなりの個体数が発見されている。「異常巻きアンモナイト」の「異常」とは、あくまでも「平面螺旋状にぴったりと巻く殻」をもたない、というだけの意味なのだ。ちなみに、「平面螺旋状にぴったりと巻く殻」をもつアンモナイト類は、「正常巻きアンモナイト」と呼ばれる。

異常巻きアンモナイトには、祖先がそうであったようにまっすぐな殻をもつ種や、まっすぐに伸びながらも180度ターンを繰り返した種、最外周だけが巻く方向を変えた種、サザエにそっくりな形の殻をもつ種など、実に多様な形が確認されている。

異常巻きアンモナイトは、とくに白亜紀になって世界各地の海で繁栄した。とりわけ、太平洋北西部では栄えたようで、北海道からはその化石が多産する。筆者の学生時代の経験からいえば、化石採集の許可と、一定の経験と、多少の幸運があれば、「異常巻きアンモナイトの化石をみつけよう」ととくに思わなくても、その化石をみつけることができる。

そんな異常巻きアンモナイトの中から、「**ユーボストリコセラス**（*Eubostrychoceras*）」を紹介しておこう。

ユーボストリコセラスは、まるでバネのような形状の殻をもつアンモナイト類だ。「バネのような」というよりは、「車のサスペンションのような」と書いた方がニュアンスは近いかもしれない。殻が螺旋を巻きながら垂れ下がるような形をしている。

螺旋の直径は5センチメートル前後、全体の高さは10センチメートルほどのものが多い。「ユーボストリコセラス」の名前をもつよく似た種は複数報告され、その化石は世界中から発見されている。このうち、「**ユーボストリコセラス・ジャポニクム**（*Eubostrychoceras japonicum*）」という種は、北海道から化石が多産することで知られる約９０００万年前（白亜紀後期）のアンモナイトである。

ひねくれ者、極まる

ユーボストリコセラスの〝ひねくれ方〟はなかなかのものだ。しかし、異常巻きアンモナイトの中には、そんなユーボストリコセラスが可愛く見えるような〝弩級のひねくれっぷり〟をみせる種も存在した。

その名は「**ニッポニテス・ミラビリス**（*Nipponites mirabilis*）」。

「*ites*」はラテン語で「石」を意味する。すなわち、「ニッポニテス（*Nipponites*）」という名は、

「日本の化石」ということになる。１９０４年に命名されたアンモナイト類で、その化石は北海道で産出し、文字通り日本を代表する化石として世界に知られ、日本古生物学会のシンボルマークとなっている。２０１８年からは、ニッポニテスが報告された10月15日を「化石の日」として、化石に親しむ記念日にしているほどだ。

そして、「ニッポニテス・ミラビリス」の「ミラビリス（*mirabilis*）」は、ラテン語で「驚くべき」や「不可思議な」という意味である。この単語こそが、ニッポニテスの特徴を端的に表している。

ニッポニテスの殻は、言葉で表現することが難しいほどに、〝ひねくれまくって〟いるのだ。

ニッポニテスの殻の巻き方に関する表現に「ヘビが複雑にとぐろを巻いたような」というものがある。垂直方向、水平方向、さまざまな方向にねじれながらターンを繰り返し、中心ほど殻の直径は細く、外側ほど殻は太くなっている。さまざまな方向にターンを繰り返す割にはコンパクトにまとまっていて、そのサイズは、大人の拳ほど。これぞ「異常巻き」という風体をしている。

もっとも、この巻き方には規則性がある。愛媛大学の岡本隆によって、１９８０年代にすでにその規則性が解き明かされている。

ニッポニテスに限らず、すべてのアンモナイト類は中心から外側に向かって殻を成長させていく。このとき使われる要素は、「曲がる」「よじれる」「太る」の三つだけ。この要素を組み合わせながら、アンモナイト類は大きくなる。ニッポニテスも例外ではなく、巻く方向を規則的に変えながら成長しているだけなのだ。「ニッポニテスの巻き方は、三角関数で表現できる」と書くと、理系の方には「なるほど、規則性か」と察してもらえるかもしれない。

ニッポニテスは、他の異常巻きアンモナイトの追随を許さないほどの〝ひねくれっぷり〟をみせるけれども、実は先ほどのユーボストリコセラス・ジャポニクムと祖先・子孫の関係にある。

岡本がコンピューターシミュレーションでニッポニテスの殻の巻き方を解析したところ、ニッポニテスの殻をつくるパラメーターを少し変えただけで、ユーボストリコセラスの殻ができることが示されたのだ。

言い換えれば、ニッポニテスの遺伝子が〝ちょっと変わる〟だけで、ユーボストリコセラスとなるのである。

化石の産出状況をみると、ニッポニテスとユーボストリコセラスの化石は同じ地域で発見されており、ユーボストリコセラスがニッポニテスよりもやや古い。そのため、ユーボストリコセラスが祖先であり、ニッポニテスがその子孫であるとみられている。

つまり、〝ひねくれの極み〟ともいえるようなニッポニテスであっても、他のアンモナイトから続く進化の系譜にしっかりと乗るというわけだ。

本書ならではの視点で、次のように言い換えることもできる。

ひねくれ者も、そのきっかけはわずかな変化だったのだ。

なお、さすがは「日本の化石」というべきで、ニッポニテスの化石は、東京・上野の国立科学博物館をはじめ、各地の博物館に展示されている。筆者のおすすめは、産地にほど近い三笠市立博物館。「アンモナイトの博物館」として知られるこの博物館には、ニッポニテスやユーボストリコセラスだけではなく、さまざまな異常巻きアンモナイトの化石が展示されており（もちろん、正常巻きアンモナイトも多数展示）、ほどよいマニアックさのある解説も用意されている。

ひねくれるから滅ぶ、わけじゃない

〝ひねくれの極み〟ともいえるようなニッポニテスを見て、そこに「進化の袋小路」を感じるとしたら、それは明らかな誤りだ。

ひねくれ者であっても、彼らは一定以上の繁栄を勝ち得ていたのである。

その証拠の一つは、「化石がみつかる」という事実だ。

生物が死んで、化石となる確率は極めて低い。ニッポニテスのような動物の場合、肉食性の大型海棲動物に襲われてしまえば、化石として残ることはない。死んだのちも、大小の動物に死骸を荒らされてしまえば、化石として残らない。

化石として遺骸が残るためには、動物に食べられず、荒らされず、そしてさまざまな自然現象による破壊も乗り越えなければならない。かなりの〝幸運〟が必要なのである。

つまり、基本的には確率の話である。繁栄し、数が多くなければ、化石として残りにくい。

そしてニッポニテスの化石は、産地では豊富にみつかっている。大学・大学院時代に、その産地で地質調査と化石採集をしていた筆者の感覚としては、たしかにニッポニテスの化石をみつけることは難しいが、他種と比較して極めてみつけにくい、というわけではない。筆者自身は調査中にみつけることはできなかったけれども、みつけたことがあるという研究者や愛好家を何人も知っている（むしろ難しいのは、発見したのちに岩石から化石を掘り出すクリーニング作業の方で、ニッポニテスのような複雑な形状をまるっと掘り出すには職人級の技術が必要となる）。

多数の化石が発見されているという事実こそが、ニッポニテスが「ざんねんな失敗作」ではなかったことを明瞭に物語っている。

〝ひねくれ者〟だって、なめてはいけない。彼らは繁栄（成功）するだけの理由があった。ただし、その理由を現時点の科学で明瞭に答えを出せていない（私たちの知識で理解できていない）だけだ。ニッポニテスそのもの（ひねくれ者自身）よりも、今後の研究の進展に（周囲の人々の理解力に）かかっているといえる。今後の研究次第で、解き明かされる日も来るにちがいない。

21

思い切った切り捨てが吉と出る

読み解くキーワード

1 ヘビ類の進化の歴史

2 四肢を〝切り捨てた〟ことでヘビ類は何を獲得したか

脊椎動物の進化史を振り返ると、特定の特徴の獲得がブレイクスルーとなり、大きな〝発展〟をもたらしてきたことがわかる。

ピックアップ古生物

＊テトラポドフィス

・「四肢をもつヘビ」として知られる
・全長20㎝ほど
・地中に潜ることができた

＊ナジャシュ

・後ろ脚をもつヘビ
（＝前脚を〝切り捨てた〟ヘビ）
・アルゼンチンで化石が発見
・陸に棲んでいた

ティタノボア

- 史上最大のヘビ
- 全長13m、体重1・1t
- コロンビアで化石が発見

そうした特徴の一つが、248ページの「何事も応用が大事」で紹介する「四肢の獲得」だ。脊椎動物がその登場から1億5000万年近い進化の果てに獲得した「四肢」によって、私たちの祖先は水圏を脱出し、陸上に確固たる世界を築くことに成功した。

しかし、そんな四肢を〝切り捨てる進化〟をたどった動物も存在する。

その動物は、四肢を切り捨てた結果、生活圏を狭めることになったかというと、そうではない。その動物の生活圏は、樹上、地上、地中、そして水圏と広大で、とくに地中においては圧倒的な強さを発揮している。

その動物は、旧約聖書の『創世記』において人類に知恵の実をすすめたという。

ヘビである。

必要ないならば、いらない

進化の歴史をたどれば、ヘビ類の祖先がもともと四肢をもった動物だったことは疑いない。

実際、「四肢をもつヘビ」の化石が、ブラジルにある約1億2000万年前（中生代白亜紀前期）の地層から発見されている。

「**テトラポドフィス**（*Tetrapodophis*）」と名付けられたそのヘビは、全長20センチメートルほど。細長いからだに、長さ数センチメートルほどの小さな四肢をもっていた。明らかにアンバランスとわかるその四肢が、いったい何の役に立っていたのかは定かではない。しかし、テトラポドフィスは、その生態として、地中に潜ることができたとみられている。

その後、ヘビ類はまず前脚を〝切り捨てた〟ようだ。イスラエルとアルゼンチンから、「後ろ脚をもつヘビ」の化石が発見されているのである。

イスラエルの「後ろ脚をもつヘビ」は、約9800万年前に生きていたとされ、名前を「**パキ**

ラキス（*Pachyrhachis*）」という。全長は１・５メートルほど。その末端近くに小さな後ろ脚があり、そして腰もあった。前脚はない。アルゼンチンの「後ろ脚をもつヘビ」は、約９３００万年前に生きていた「**ナジャシュ**（*Najash*）」である。全長は２メートルほどだ。

パキラキスとナジャシュは、ほぼ同じ時代の「後ろ脚をもつヘビ」だけれども、その生息場所が大きく異なっている。パキラキスは海、ナジャシュは陸に棲んでいたのである。

ヘビ類の進化に関しては、「水中進化説」と「陸上進化説」があり、水中と陸上（地中）のどちらで脚を〝消失〟したのかについて、研究者の間でも意見が割れている。

現時点では、テトラポドフィスやナジャシュなど、陸上進化説の方がより多くの証拠を擁しており、優勢といえる。ただし、「そもそもテトラポドフィスは、本当にヘビなのか」という指摘もあり、まだ結論は出ていない。

〝切り捨て進化〟の先に

ヘビの進化においては、〝四肢の切り捨て〟は吉と出た。

テトラポドフィス、パキラキス、ナジャシュなどの初期のヘビ類が生息していた時代は、白亜紀である。白亜紀という時代は、恐竜類の全盛期として知られている。

そんな白亜紀末には、恐竜類の巣を襲うヘビ類がいたこともわかっている。四肢を失いながらも、時代の覇者の巣を強襲するだけの能力をすでに得ていたのだ。

そして、白亜紀が終わり、その次の時代である新生代古第三紀が始まってほどなく、「史上最大のヘビ」が出現した。コロンビアから化石が発見されているそのヘビには、「**ティタノボア**（*Titanoboa*）」という学名が与えられている。「巨大なボア」という意味だ。ティタノボアは、発見されている化石は部分的なものだけれども、その部分化石から推測される全長は13メートルに達し、体重は1・1トンを超えるとされる。

現在の地球で「とくに大型のヘビ類」とされるアミメニシキヘビやオオアナコンダでさえ、全長9～10メートルである。ティタノボアは、これらの大型ヘビ類をはるかに超えていた。

ヘビ類は基本的に自分の頭よりも大きなものを呑み込むことができ、極めて柔軟で丈夫なからだをもち、一部のヘビ類は赤外線感知能力さえもっている。生態系の頂点に立つとされる大型哺乳類や大型爬虫類が入っていけないような狭い場所にも侵入し、獲物を確保する。小型の哺乳類は、安全と思っていた巣穴の奥で、ヘビ類に襲われてしまうわけだ。また、ときにヘビ類は、大型哺乳類や大型爬虫類さえも獲物とする。ヒトでさえ、捕食されることもある。なかなかどうして、「恐怖の存在」であるといえよう。

四肢を〝切り捨てた進化〟の果てに彼らが獲得したものは、実に大きなものだったのである。太古の祖先が獲得した特徴に固執しなかったからこそその結果が、そこにあるのだ。

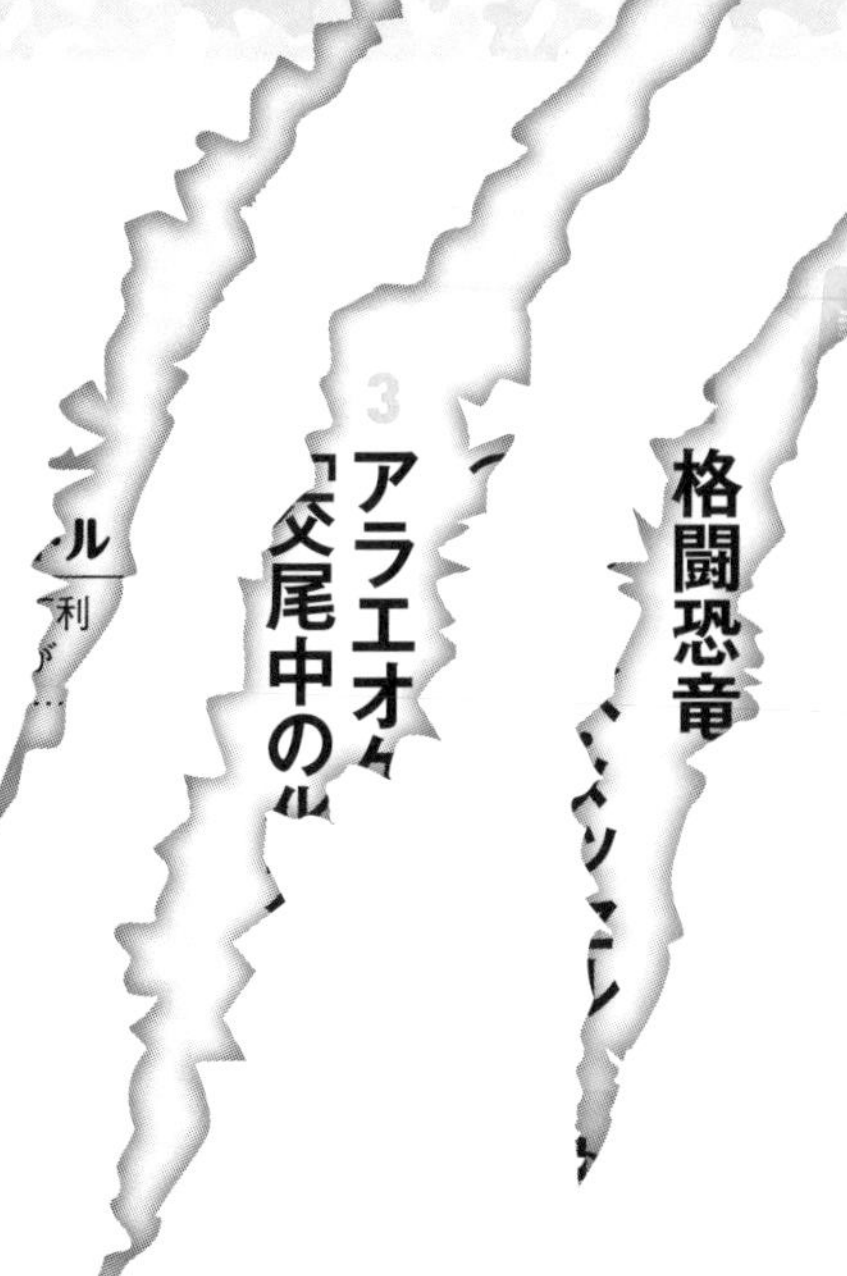
格闘恐竜
3
アラエオ
「交尾中の
ル
利

夢中になるのもいいけれど
……没頭しすぎると失敗する

ピックアップ古生物

ヴェロキラプトル

・小型の肉食恐竜
・全身が羽毛で覆われていたっぽい
・鋭い鉤爪あり

プロトケラトプス

・小型の角竜類
・ヴェロキラプトルと格闘している最中の化石が発見される
（群馬県の神流町恐竜センターに復元骨格あり）

読み解くキーワード

1 格闘恐竜

2 グルーベ・メッセル（ドイツ西部）

3 アラエオケリスの「交尾中の化石」

ヴェロキラプトル

格闘中。現状やや不利
ここからの巻き返しが
期待されていたが……

プロトケラトプス

格闘中
マウントを取っており
やや有利

私たちが眼にする化石の中で、とくに保存状態が良く、多くの部位が残されている化石は、〝不慮の死〟の結果であることが多い。

河川の氾濫に巻き込まれたり、底なし沼に足を踏み入れてしまったり、嵐に巻き込まれてしまったり。寿命を迎えて大往生した個体が化石として残る例は珍しい。なぜなら、不慮の〝事故〟による突然死でもない限り、その遺骸は、かなり高い確率で肉食動物に荒らされてしまうからだ。

そんな〝不慮の死〟の中でも、「極めつけ」といえるような標本がある。

戦闘に夢中で……

「**ヴェロキラプトル**（*Velociraptor*）」という小型の肉食恐竜がいた。全長2・5メートル。体重は25キログラム。おそらく全身が羽毛で覆われ、そして腕には翼があったと考えられている。最大の特徴は後ろ足にあり、その第2指に長さ10センチメートルほどの鋭い鉤爪があった。この鉤爪は可動式で、走行時は邪魔にならないように上向きになり、戦闘時には前向き、あるいは下向きにして強力な武器として使っていたとみられている。戦闘時にはその身軽さを生かし、〝ラプトルキック〟を獲物の急所に叩き込んでいたようだ。非常にアグレッシブな恐竜である。映画『ジュラシック・パーク』および『ジュラシック・ワールド』のシリーズに登場する「ラプトル」は、ヴェロキラプトルに近縁でよく似た姿をもち、ひと回りからだの大きい「**デイノニクス**

(*Deinonychus*)」がモデルとされる。
「**プロトケラトプス**(*Protoceratops*)」という小型の角竜類がいた。全長はヴェロキラプトルと同じ2・5メートルだが、体重はヴェロキラプトルの7倍を超える180キログラム。四足歩行の植物食恐竜である。所属する角竜類というグループは、北アメリカの白亜紀の地層から化石がみつかっている「**トリケラトプス**(*Triceratops*)」に代表される。後頭部に大きなフリルをもち、頬が左右に張っていて、種によってはツノをもつという特徴がある。プロトケラトプスにはフリルはあるけれども、ツノはなかった。

ヴェロキラプトルとプロトケラトプスの化石は、ともにモンゴルから発見されており、同時代の同地域に生息していたことがわかっている。しかも、単純に「生息していたことがわかっている」だけではなく、肉食恐竜のヴェロキラプトルが植物食恐竜のプロトケラトプスを襲っていたことも確認されている。

まさにその襲撃の瞬間が保存された化石が、発見されているのだ。

その化石は「格闘恐竜(Fighting Dinosaurs)」と呼ばれている。ヴェロキラプトルがやや小柄なプロトケラトプスに襲いかかり、左足の鉤爪をプロトケラトプスの首に食い込ませ、プロトケラトプスはやられるままではなく、ヴェロキラプトルの右腕をしっかりその口にくわえこんでいた。

約8400万年前～約7200万年前（白亜紀後期）のあるときにモンゴルで行われていた「戦闘の瞬間」が、化石となっていたのである。群馬県の神流町恐竜センターで、その復元骨格を見ることができる。

そして化石がみつかるということは、そのまま死んだということである。あまりにもその戦いに夢中になっていたために、2匹の恐竜は戦いの姿勢のまま砂に埋もれて急死した。格闘恐竜はそんな最期を物語る証拠だ。戦っている間に、近くの砂丘が崩れてしまったのか、あるいは大規模な砂嵐に襲われたのか。いずれにしろ、共倒れだった。

愛に夢中で……

ドイツ西部に「グルーベ・メッセル」という化石産地がある。この産地からは、新生代古第三紀始新世の約4800万年前～約4700万年前に生きていた動物の良質な化石が多産する。2016年に、この産地からあるカメたちの化石が報告された。カメの名前は「**アラエオケリス**（*Allaeochelys*）」。大きさといい、姿といい、とくに変わったところの見えないカメである。

ごく〝普通のカメ〟に見えるアラエオケリスが注目された理由は、その化石の産出状況にある。からだが小さな雄と大きな雌がペアとなったものが9組あり、そのうちの2組は雄の尾が雌のからだの下にもぐりこんでいた。この化石を報告したチュービンゲン大学（ドイツ）のウォルタ

ー・G・ジョイスたちによると、これは「交尾中の化石」であるという。

グルーベ・メッセルという場所は、始新世当時、どんよりとした湖だった。この湖は、表層部分こそ多くの動物が棲む〝普通の湖〟だったが、深層には酸素が少なくて毒性の高い水塊があったとみられている。

9組のアラエオケリスは、おそらく表層で交尾を始めた。いや、おそらく9組だけではあるまい。この湖に生息するアラエオケリスたちは表層を生活圏とし、ほとんどの場合で表層で交尾を始め、多くの場合ですぐに〝事〟を終えていたのだろう。

しかし、少なくともジョイスたちによって報告された9組は、交尾に夢中になりすぎた。ジョイスたちは各ペアは沈んでいきながらも交尾を続け、そしていつの間にか毒性の高い深層に到達してしまったとみている。交尾に夢中になるあまり、自分たちの状況を把握できていなかったのだ。交尾の姿勢のまま化石になっているということは、即死かそれに近いものだったのだろう。

一つのことに夢中になりすぎて、まわりに注意を払わなければ、とんでもないことになってしまう。格闘恐竜やアラエオケリスの鳴らす警鐘を覚えておくべきかもしれない。

無個性？……その何が悪い？

ピックアップ古生物

ホモ・サピエンス

- いわゆる我ら「現生人類」
- 古生物と比肩する強烈な個性は特にない

リストロサウルス

- クチバシをもつ不格好な子豚のような姿
- 群馬県立自然史博物館に実物化石あり
- 端的に言って地味な存在だけど、繁栄した

ハドロサウルス

- 恐竜（植物食）だけど、これといった特徴なし
- 鳥脚類（鳥類とは無関係）
- 白亜紀の後期に大繁栄

読み解くキーワード

1 **繁栄に必要なのは個性か、汎用性か**

2 **リストロサウルスの化石分布から何がわかるか**

3 **ハドロサウルスはなぜ繁栄したのか**

生物種としてみたときに、現生人類こと「**ホモ・サピエンス**（*Homo sapiens*）」に強力な個性があるわけではない……と書くと、関係各所からお叱りを受けるかもしれない。

たしかに、ホモ・サピエンスは、大きな脳をもち、その脳に由来する圧倒的な知能を有する。背筋をピンと伸ばした直立二足歩行を基本スタイルとし、歩行に使わない両手は、他のどの動物の手よりも器用で機能的だ。ほかにもさまざまな特徴が「人類しかもたない」ものであり、その意味では「個性がない」という書き方は、たしかに不正確極まりない。

しかし、たとえば、この本に掲載されているさまざまな古生物の復元イラストと人類を比べてみて（ちょうど本書の特徴として、随所に案内役の女性が描かれているので比較してみるといいだろう）、何か強烈な特徴があるというわけではない（まあ、背筋を伸ばして二足歩行をする、というのは、それはそれで強烈だけれども）。

ティラノサウルス（*Tyrannosaurus*）のような、圧倒的な破壊力を有する大きな頭部をもっているというわけではない。

ヴェロキラプトル（*Velociraptor*）がもつような、強力な鉤爪を足先に備えているわけでもない。

ディメトロドン（*Dimetrodon*）がもつような帆が背中にあるというわけでもない。

スミロドン（*Smilodon*）がもつような長い犬歯があるわけでもなければ、**ケナガマンモス**（*Mammuthus primigenius*）のように長い毛をはじめとする〝耐寒装備〟を備えているわけでもない。

あれもない。これもない。それもない。ない、ない、ない。遠目で見て、あるいはシルエットで見て、はっきりとわかる「強力な個性」。それが人類には（ほとんど）ない（と、あえてここ

では書いておく）。

しかし、一方で私たちのからだは汎用性に優れている。

たとえば、口内だ。その歯は、切歯、犬歯、臼歯と分かれており、それぞれ形が異なる。あらゆる食物を嚙み切り、切り裂き、すりつぶすことができる。この歯をもっているため、食べることができる食料は動物から植物まで実に多様だ。

5本の指で構成される私たちの手は、さまざまな物体を摑むことができる。個々の指を別々に動かしての複雑な動作も可能だ。腕は360度回転させることができるし、この腕と手を上手に使えば、樹木にだって登ることができる。そのときは、普段は歩行・走行に使っている足も役に立つ。

挙げていけば切りがないだろうが、ホモ・サピエンスのからだは、何かに特化している部位が（ほとんど）ない代わりに、さまざまなことに使える部位が多い。

強力な個性の代わりにもっている、高い汎用性。

この汎用性が、生命史における人類の台頭と繁栄に、一定以上の役割を果たしてきたことは疑いようがない。

人類のもつ汎用性は、動物としての〝極み〟のようなものだけれども、生命史には特別な個性がなくとも、繁栄したものはたくさんいる。むしろ、ときに〝個性持ち〟を圧倒していた。

「リストロサウルス（*Lystrosaurus*）」という単弓類がかつて存在した。

単弓類とは、哺乳類とその近縁種で構成されるグループで、リストロサウルスは哺乳類ではないけれど、その親戚のような存在である。リストロサウルスの頭胴長は、概ね1メートルほど。複数の種が「リストロサウルス」という名前（属名）をもっており、その中には1メートル未満のものも、1メートル超のものもいた。

リストロサウルスの姿は「ずんぐりむっくり」という言葉がよく似合う。「クチバシをもつ不格好な子豚のよう」と言えばいいだろうか。四肢は短く、口先にはカメのようなクチバシがあった。犬歯が発達し、口外に向かって突出していた。ただし、この犬歯には鋭さがまるでなく、武器としての役割は期待できない。リストロサウルスは、植物食性だったと考えられている。群馬県立自然史博物館に行けば、その実物化石（頭骨）を見ることができる。

リストロサウルスが出現したのは、古生代ペルム紀の半ばを過ぎたころのことで、今から約2億6500万年前にあたる。

この時代、世界には個性的な種がたくさんいた。

植物食性の動物に注目すると、たとえば、「パレイアサウルス類」を挙げることができる。爬

虫類だ。

パレイアサウルス類を一言で書くのなら、「どっしり重量級爬虫類」となるだろう。全長2メートル超のからだは左右にも上下にもやや幅があり、まるで樽のようだ。四肢は太くがっしりとしており、前後に短い頭部は頬が張り出していて全体的にゴツゴツしている。代表的な種類としては、「**パレイアサウルス**（*Pareiasaurus*）」や「**スクトサウルス**（*Scutosaurus*）」などがいる。パレイアサウルスに関しては死んだときのままといえる姿勢の全身骨格をミュージアムパーク茨城県自然博物館で、スクトサウルスに関しては全身復元骨格を東海大学自然史博物館で、それぞれ見ることができる。

そんなパレイアサウルス類を襲っていたであろう動物が、ゴルゴノプス類と呼ばれる肉食性の単弓類である。メートル級のからだをもつこの動物は、大きな頭骨をもち、そこには長い犬歯を発達させていた。16ページの「没落したら、復活すればいい」で紹介した「**イノストランケヴィア**（*Inostrancevia*）」はこのグループの代表的な存在である。

ほかにも当時の陸上世界には、すでに滑空する爬虫類もいたし、爬虫類の近縁グループには、水中進出を果たしたものも確認されている。

リストロサウルスのごく近縁の動物が、同じく16ページの「没落したら、復活すればいい」で紹介した「**ディイクトドン**（*Diictodon*）」だ。この単弓類は、リストロサウルスの半分以下という小型動物で、風貌としてはリストロサウルスに似ていたものの、比較するとややスリムだった。また、地中に巣をつくり、つがいをつくるなどの社会性もみせていた。

リストロサウルスは同じ陸上植物食動物としては、パレイアサウルス類よりも小型であり、重量感に乏しかった。長い犬歯をもつものの、ゴルゴノプス類の犬歯ほどの長さも鋭さもなかった。空を飛べるわけでもなく、水中を自在に泳げたとも考えられていない。ディイクトドンのような社会性も確認されていない。

つまり、こうした動物たちに比べると、リストロサウルスはごく地味な存在だった。

しかし、ペルム紀末に「P／T境界大量絶滅事件」と呼ばれる史上最大の大量絶滅事件が勃発すると、こうした〝個性的な動物たち〟はそのほとんどが姿を消した。

一方で、何の取り柄もないように見えたリストロサウルスは、P／T境界大量絶滅事件を生き延びる。

ただ単純に生き延びただけではない。P／T境界大量絶滅事件前にできた地層を見ると、その化石は南アフリカと中国だけで発見されていた。しかし、P／T境界大量絶滅事件後になると、南アフリカと中国に加え、インド、南極大陸、ロシアでも化石がみつかるようになる。

明らかに勢力を広げていたのである。

一見すると個性が弱いリストロサウルスが、生き延び、そして繁栄した。その理由は定かでは

ない。まだ何の証拠も発見されていないけれども、リストロサウルスには私たちが気づいていない何か〝強力な特徴〟があったのかもしれない。

ちなみに、「クチバシをもつ不格好な子豚のような姿」のリストロサウルスが、泳ぎが得意だったとは、古今東西の古生物学者の誰も考えていない。それにもかかわらず、南アフリカ、中国、インド、南極大陸、ロシアと現在の地理感覚でいえば、複数の大陸から化石が発見されている。このことは、リストロサウルスが生きていた当時、これらの大陸が地続きだったことを意味している。地続きだからこそ、リストロサウルスは（おそらく数世代をかけて）世界中に分布域を広げることができた。

この地続きの大陸は、「超大陸パンゲア」と呼ばれている。今日では、大陸が移動し、離合集散を繰り返すことは、少なくとも日本では小学校の教科書にも載っていることだ。しかし、20世紀初頭にこの仮説が提唱されたときは、大陸が移動するとは、誰も信じなかった。このとき、仮説の提唱者であるドイツの気象学者アルフレート・ヴェーゲナーがその証拠の一つとして挙げたものが、リストロサウルスの分布だった。ある意味で、リストロサウルスは、先に挙げたどの古生物よりも知名度が高く、そして重要視されているともいえる。

恐竜の世界にも〝無個性の成功者〟は存在する。

それは「ハドロサウルス類」と呼ばれる植物食の恐竜だ。恐竜類の分類の中では、鳥盤類の中の、鳥脚類というグループに含まれる恐竜たちである。

ハドロサウルス類が含まれる鳥脚類というグループには、関係各所からのお叱りを覚悟で書いてしまえば、これといった特徴がない。とても地味な恐竜たちである。

鳥脚類や、その上位グループの鳥盤類も、そのグループ名に「鳥」という文字が入っている。しかし、鳥類とは何の関係もない。

鳥盤類はすべて植物食恐竜で構成されている。植物食性ということで、大きな歯で圧倒的な存在感をみせるティラノサウルスや、鋭い鉤爪をもつヴェロキラプトルのような「恐ろしい」という迫力や〝武装〟とはあまり縁がない。

鳥盤類には、3本のツノと大きなフリルをもつ「**トリケラトプス**（*Triceratops*）」や頭部をドームのように膨らませた〝石頭恐竜〟の「**パキケファロサウルス**（*Pachycephalosaurus*）」、背中にたくさんの骨の板を並べて尾の先に鋭いトゲを発達させた「**ステゴサウルス**（*Stegosaurus*）」、背中に骨片を鎧のように並べた「**アンキロサウルス**（*Ankylosaurus*）」などの個性豊かな恐竜た

ちがいた。

しかし、これらはいずれも鳥脚類ではない。

鳥脚類は、サイズこそ10メートル級の種も存在するものの、目立つツノやフリル、〝石頭〟や骨の板、トゲ、〝鎧〟などをもっていなかった。いくつかの種類には、トサカが確認されているけれども、その程度と言ってしまえば、その程度のグループだった。四足歩行を基本とし、二足歩行でも歩くことができたとみられる恐竜たちである。

その鳥脚類の〝主流〟を担うグループがハドロサウルス類だ。他の鳥脚類と同じく地味な恐竜たちばかりだけれども、中生代白亜紀の後期（約1億年前〜約6600万年前）に大繁栄した。とくに北アメリカとアジアで大量に化石が発見されている。日本においても、旧南樺太で発見された〝日本の恐竜第一号〟である「**ニッポノサウルス**（*Nipponosaurus*）」をはじめ、「むかわ竜」こと「**カムイサウルス**（*Kamuysaurus*）」もこのグループに属している。恐竜たちの中で〝無個性の成功者〟を挙げるとすれば、このグループほどふさわしいものはいないだろう。

もっとも、リストロサウルスとは異なり、ハドロサウルス類はその繁栄の理由の一端がすでに明らかにされている。

それは、植物食者として、かなりの〝高性能仕様（ハイスペック）〟だったということだ。

一つは「デンタルバッテリー」と呼ばれるシステムを発達させていたという点である。これは、顎の内側に1000個を超える「予備の歯」を備えていたというもの。この無数ともいえる歯が、上下左右にきちんと列をつくって並んでいた。そして、植物を食べていくうちに上顎の最下段、下顎の最上段がすり減ってなくなると、間髪を容れず、次の歯が補充されるようになっていた。

また、少なくとも一部のハドロサウルス類は、その歯が特別仕様だったこともわかっている。彼らの歯は、使うほどに凹凸が増す仕様になっていたのだ。つまり、使えば使うほど凹凸が発達していって、食物をすりつぶしやすくなっていった。この歯の性能は、現生哺乳類のウシを超えるという指摘もある。

外見上、とても地味に見えるグループだけれども、ハドロサウルス類は発達した口内のメカニズムによって、その繁栄を勝ち取っていたのである。

個性的なものはたしかに目立つ。

しかし、目立つ個性をもつものが成功するとは限らず、〝地味なもの〟であっても成功する。

そんなお話である。

古生物こぼれ話

超大陸って何？

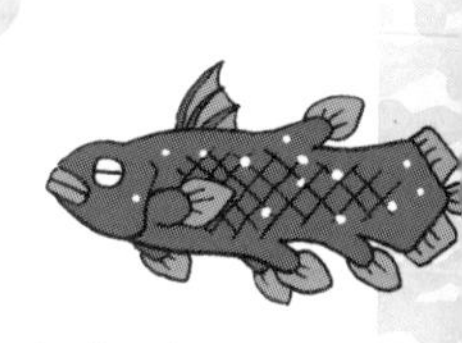

地球上の諸大陸は、プレートに乗って離合集散を繰り返してきた。そのため、地球史を振り返ると「超大陸〇〇」という単語がしばしば登場する。

いちばん有名な超大陸は、古生代ペルム紀（約2億9900万年前〜約2億5200万年前）から中生代三畳紀（約2億5200万年前〜約2億100万年前）にかけて存在していた「超大陸パンゲア」だろう。当時、地球上の大陸はすべて地続きとなり、多くの動物たちがその上を行き来していた。日本では、小学校の国語の教科書に載っていたこともあるから知名度も高いはず。

さて、そもそも超大陸とはどのような大陸を指すのだろうか？

パンゲアだけをイメージすると、「超大陸とは、地球上のすべての大陸が集まったもの」と思われるかもしれない。

しかし実は、「地球上のすべての大陸が集まったもの」ではなくても、超大陸と呼ぶ。超大陸とは、「大陸と大陸が合体したもの」を指すのだ。

そのため、「すべての大陸」が集まったものではなくても、超大陸となる。その意味では、現在の地球でもユーラシア大陸とアフリカ大陸はつながっているのでこれも超大陸であるし、同じように、北アメリカ大陸と南アメリカ大陸もつながっているので、あわせて超大陸といえる。

過去の地球の歴史においては、主に現在の南半球の大陸が集合した「超大陸ゴンドワナ」や、北半球の大陸が集合した「超大陸ローラシア」のほか、パンゲア級の超大陸として「超大陸ロディニア」「超大陸ヌーナ」「超大陸コロンビア」などさまざまな超大陸があったと考えられている。

強者は一日にしてならず

ピックアップ古生物

グアンロン

- ジュラ紀中期から後期にかけて登場
- 頭部に薄いトサカあり
- 巨大恐竜の「足跡の内部」から化石発見

プロケラトサウルス

・最古のティラノサウルス類
・約1億6700万年前（ジュラ紀中期）のイギリスに登場
・小型（体重100kgほど）

リトロナクス

・ティラノサウルス的な特徴を備えている
・でも小さい（全長5mほど）
・約8000万年前の地層から化石発見

人間
ダイエット&トレーニング中

読み解くキーワード

1 ティラノサウルス類はいかにして覇者となったか
2 グアンロンの化石がみつかった場所
3 化石となった人類「ルーシー」

学生時代、自分に解けない問題をすらすらと解くクラスメートを見ると、自分の学力との差を感じて焦ったものだし、会社に入って先輩を見ると、その能力の高さに圧倒されたものだ。

そんな経験、筆者だけではないだろう（と思いたい）。

しかし、生まれたときから勉学優秀な秀才はいない。入社していきなり仕事がバリバリできるというスーパーサラリーマンだってほとんど存在しない。多くの場合で、「秀才」と呼ばれる人は、遊ぶ時間さえ犠牲にして勉強してきた期間が存在するし、〝やり手のあの先輩〟だって、右も左もわからない新入社員の時代が存在したはずだ。

ローマは一日にしてならず。

千里の道も一歩から。

〝下積み期間〟の必要性は、生命の歴史も証明している。

覇者の〝下積み期間〟

生命の歴史を振り返れば、さまざまな生態系に、さまざまな覇者が登場した。その多くは、突然登場したわけではなく、長い進化の果てに生態系の最上層にたどり着いている。

もっとも、生態系の覇者となるまでにかかる時間は、種によって異なり、〝時流に乗って〟瞬く間に最上層まで駆け上った種もいれば、長い〝下積み期間〟を経たのちに生態系の頂点に立つことができたものもいる。

無数にいた古生物の中で、圧倒的な存在感と知名度を放つ「**ティラノサウルス**（*Tyrannosaurus*）」は、後者の道をたどってきた覇者だ。

ティラノサウルスは、学名としてのフルネームは、「*Tyrannosaurus rex*」と表記され、全長12メートルとも13メートルとも言われる巨体をもつ大型種である。このサイズは、肉食恐竜として最大ではないけれども、最大級。がっしりとした顎には極太の歯が並び、獲物を骨ごと嚙み砕くことができたという。約7000万年前、白亜紀最末期の北アメリカ西部に登場し、そして、その陸上生態系に君臨した恐竜である。〝捕食者としての仕様（スペック）〟は、古今東西の陸上肉食動物でも群を抜き、ゆえに、ティラノサウルス（とその近縁種）は「超肉食恐竜」とも呼ばれている。

仮にタイムスリップしてティラノサウルスのいる世界に行ったとしても、よほど万全の安全管理がなされている場所でなければ、絶対に会いたくない。そんな存在である。

そんなティラノサウルスには、とても長い〝下積み期間〟が存在した。

ティラノサウルスとその近縁種を含むグループを「ティラノサウルス類」と呼ぶ。知られている限り最も古いティラノサウルス類は、約1億6700万年前（ジュラ紀中期）のイギリスに登場した。その名を「**プロケラトサウルス**（*Proceratosaurus*）」という。

プロケラトサウルスは、全長3～4メートル、体重100キログラムほどの小型の肉食恐竜だ。

「3～4メートル」と聞くと「え？　それでも小型かよ？」と思われるかもしれない。たしかにヒトの身長と比較するとこの値は大きい。しかし、この値は「鼻先から尾の先までの長さ」であることに注意されたい。腰の高さでみれば、全長の4分の1以下。すなわち、1メートルに満たない。同じように腰の高さでみると、ティラノサウルスは3メートル以上の高さがあるから、その大きさの差は歴然としている。

プロケラトサウルスが登場した約1億6700万年前という年代は、ティラノサウルスの登場よりも1億年近く前にあたる。ずいぶんと……と書くのもおこがましいくらい昔の話だ。

ジュラ紀中期から後期にかけて、いくつかのティラノサウルス類が登場した。その代表ともいえるのは、中国北西部、新疆(しんきょう)ウイグル自治区から化石がみつかっている「**グアンロン**（*Guanlong*）」だ。全長3・5メートル、体重125キログラムほどで、サイズとしては最古級のティラノサウルス類であるプロケラトサウルスとさほど変わらない。見た目の特徴として、頭部に薄いトサカがあった。

グアンロンは化石がみつかった場所が面白い。巨大恐竜の足跡から発見されているのである。

その足跡を残したとみられている巨大恐竜は、「**マメンチサウルス**（*Mamenchisaurus*）」。植物食恐竜で、柱のように太い四本の足をついて歩き、長い首と長い尾をもっていた。「史上最大級」と呼ばれる恐竜の一つで、全長は35メートル、体重は75トンに達したと言われている。

そんな巨体が歩くものだから、場所によっては大きな足跡ができる。ときにその足跡は、長径、深さともに1メートルほど、あるいはそれ以上になったようだ。

当時、その足跡には柔らかい砂泥がたまり、底なし沼のようになっていたらしい。グアンロンは、よそ見をしていてこの足跡にはまったのか、それとも、水深が浅いと思って足を踏み入れたのか……そのあたりについてはよくわかっていない。いずれにしろおそらく不注意で、大きな足跡にはまり、ずぶずぶと沈んでいって、死を迎え、化石となった。

その後、ティラノサウルス類には8メートル級も登場するものの、生態系の覇者として君臨することはなく、長い雌伏の時間を過ごすことになる。その間には、プロケラトサウルスやグアンロンを下回る全長1メートルほどの種や1・3メートルほどの種も登場した。全長1メートル、1・3メートルともなれば、その体重は4～6キロほどとされ、現代日本で暮らす小型犬並みである。すなわち、一般家庭で飼育できるようなサイズのティラノサウルス類もいたわけだ。

ティラノサウルス類が覇者への階段を上ることになったきっかけについては、今なお、よくわかっていない。おそらく白亜紀前期から後期の始まりあたり（約1億4500万年前～約8000万年前あたり）がそのタイミングだったとみられている。化石がさほど発見されておらず、議論をするための証拠が不足しているのが現状だ。

少なくとも約9000万年前までには北アメリカにはティラノサウルス類ではない大型の肉食

恐竜が君臨していたことはわかっている。また、約8000万年前の地層から化石がみつかっている「**リトロナクス**（*Lythronax*）」というティラノサウルス類は、ティラノサウルスのような特徴を備えてはいるものの、全長は5メートルほどだった。ただし、リトロナクスの登場からほどなくして、北アメリカに大型のティラノサウルス類が登場し始める。

リトロナクスの登場を〝生態系の階段を上るきっかけ〟とみるのであれば、最古級のティラノサウルス類の登場からその〝きっかけ〟までは、8000万年以上の歳月が経過したことになる。この間にティラノサウルス類は、幅広の大きな頭部という特徴を発達させた。

長い〝下積み期間〟の果てに、何らかのきっかけを得て、後世の私たちが見ても圧倒されるような〝ハイスペック肉食恐竜〟へと進化したのである。このグループの要した8000万年（以上）という進化の歳月は、恐竜類が登場し、そしてそのほとんどの種が絶滅するまでの期間の、約半分に相当する。

「サルも木から落ちる」というけれど……

原始的なティラノサウルス類であるグアンロン（のある個体）は、不注意ゆえに命を落とし、現在へと化石を残すことになった。

のちに「最強の恐竜」を生むグループであっても、その祖先にはずいぶんと〝可愛らしいドジっ子〟がいたものだ（実際には死んでいるので、〝可愛らしいドジっ子〟と評するのは不適だろうけれども）。

もっとも、不注意ゆえに命を落としたという意味では、実は人類にも同じような例がある。

化石となった人類に「ルーシー」がいる。「ルーシー」は特定の種を指す言葉ではなく、絶滅人類「**アウストラロピテクス・アファレンシス**（*Australopithecus afarensis*）」のある個体に与えられた愛称だ。化石が発掘されたとき、ビートルズの名曲『Lucy in the Sky with Diamonds』がラジオから流れていたことにちなむという。約320万年前のエチオピアにいた。

ルーシーは、人類の初期進化史を語る上でかなり重要な化石である。そもそも、人類の歴史は「約700万年」と考えられており、アウストラロピテクス・アファレンシスよりも古い人類の化石はいくつもみつかっている。しかしその多くは部分的で、全身像が推定できるほどの部位が残っている標本となると数えるほどしかない。ルーシーは、そんな「数えるほどしかない化石」の一つであり、彼女が生きていた当時、彼女自身を含めた人類がどのような姿をしていたのかを今に伝えてくれる。

ルーシーの化石などが分析された結果、アウストラロピテクス・アファレンシスは、背筋を伸ばした二足歩行を行い、足には土踏まずがあり、足の指はすべて同じ方向を向いていたことがわかっている。腰は幅広で、頭部には大きな脳があり、大きな歯、がっしりした顎、大きく張り出現代日本人でみると身長では幼稚園児並み、体重は小学校中学年並みだ。これは、アウストラロピテクス・アファレンシスという種でみると小柄の部類に入る。この種には身長1・5メートル、体重40キログラム超という小学校6年生〜中学校1年生並みの個体もいたこともわかっている。

さて、ルーシーに関して、テキサス大学（アメリカ）のジョン・カッペルマンたちが死因を分析した研究を2016年に発表した。カッペルマンたちの研究によれば、ルーシーの死因は「墜落死」らしい。樹木に登っていて、何らかの理由で足を滑らせ、まっすぐに落下してしまったという。よほど高い場所まで登っていたらしく、地面に衝突したときの落下速度は時速60キロメートルに達したそうだ。落下の衝撃で各所を骨折し、内臓を痛め、「即死だった」とされている。

この研究結果に関しては異論もあるものの、もしも正しければ、彼女もまた不注意で死んだということになる。人類としては、グアンロンを笑うことはできないデータである。

ちなみに、初期の人類はもともと樹上で生活していたとみられているが、ルーシー（アウストラロピテクス・アファレンシス）の足はすべての指が前を向いているということから、この種があまり樹上生活向きではなかったことがわかる。樹木の枝をつかんで姿勢を安定させるには、あしの指の向きは手と同じように親指が独立していることが望ましい。

つまり、不得意にもかかわらず、彼女は高いところまで登っていたことになる。その理由は謎だ。美味しそうな果実でもあったのだろうか。

さて、人類が今日の地球における「覇者」であるのなら、人類もまた、その地位を確立するまでに長い時間を必要としたことになる。

人類は約700万年前にアフリカの一地域で誕生し、その後、しばらくの間は、アフリカの一地域で命をつないできた。約320万年前にルーシーが登場したときも、人類の生活圏はアフリカを出ていない。

アフリカを出て本格的な活動を始めるようになるのは、約190万年前に出現した「**ホモ・エレクトゥス**（*Homo erectus*）」という人類から。その後も多くの人類が登場し、そして滅んでいる。

私たち「**ホモ・サピエンス**（*Homo sapiens*）」は、今から遅くても約31万5000年前までにアフリカに登場し、約18万年前までにアフリカから出て、世界各地へと拡散していった。アフリカから中東へ、中東からユーラシア各地へ。ベーリング海峡を渡り北アメリカへ。そして南アメリカへと生活圏を広げていった。南アメリカに到達したのは約1万3000年前と言われている。

現生人類であるホモ・サピエンスの登場まで、人類誕生から650万年以上の時間が必要だったし、ホモ・サピエンスがその活動域をアフリカから南アメリカに広げることにも15万年以上の歳月が必要だった。我々もまた、長い〝下積み期間〟の末に、今日の地位を得たのだ。

先駆者であれ！
……あとから勝つのは楽じゃない

ピックアップ古生物

ディプロカウルス

・ペルム紀の両生類
・全長1m
・頭部がブーメランみたいな形

メガネウラ

- 石炭紀の有翅昆虫の代表種
- 翅開長70㎝の巨大トンボ
- ギンヤンマ10匹分の横幅

読み解くキーワード

1 石炭紀の森林で有翅昆虫が繁栄した理由
2 先駆者としてのアドバンテージ
3 「地球の酸素濃度」と「成長」の関係

まだ誰も手をつけていない〝未開拓の市場〟。

その価値にいち早く気づけば、先駆者としてのアドバンテージが自分のものとなる。

もちろん気づくこと自体が容易ではないし、新たな世界に入るには勇気と準備が必要だ。

生命の歴史を振り返ると、先駆者としてのアドバンテージを十分に発揮して、誰よりも繁栄した者たちがたくさんいる。

〝ライバル〟不在の世界

今から約3億5900万年前から約2億9900万年前の約6000万年間は、「古生代石炭紀」と呼ばれる時代である。地球史には「○○紀」という地質時代は10時代以上設定されているけれども、資源名が付けられているのは、この時代だけだ。

なぜ、石炭紀が「石炭紀」という名前であるかといえば、それはこの地質時代がことのほか人類にとって重要だったからにほかならない。この場合の「重要」とは、生命の歴史において、というわけではない。もっと即物的な視点で、だ。

もともと地質学は、資源探査を目的として発展してきた学問である。18世紀半ばにイギリスで産業革命が始まると、主に蒸気機関の燃料として石炭が必要となった。その石炭を探すために地質学が発展し、とくに欧米で石炭が大量に埋没している地層ができた時代を「石炭紀」と呼ぶよ

うになったのである。こうした経緯があるため、「○○紀」という時代の中で、石炭紀が最も早く名付けられた。

石炭紀の地層になぜ大量の石炭が含まれているかといえば、それは当時の地球に大森林があったからだ。各地に氾濫原が発達し、湿度の高い環境が生まれ、そこには樹高数十メートルというシダの巨木が茂っていた。このときの巨木がやがて地中に埋もれ、そして石炭となったのである。

そんな石炭紀の大森林で繁栄した動物が、昆虫類だ。

昆虫類は石炭紀よりも古い時代に登場していたが、その多様性は限られていた。しかし、石炭紀になると新たに10以上のグループが昆虫類に増える。これらのグループは、必ずしも今日の昆虫類とは一致しないけれども（たとえば、カブトムシなどを擁する甲虫類は出現していない）、昆虫類は、この時代に、今日へと続く繁栄の礎を築くことに成功する。

とくに増えた昆虫類は「有翅昆虫」だった。文字通り、「翅」のある昆虫たちで、特定の昆虫グループを指すわけではない。

石炭紀の有翅昆虫を代表する種類として、翅開長（翅を広げたときの左右幅）が70センチメートルに達した〝巨大トンボ〟の「**メガネウラ**（*Meganeura*）」がいる。参考までに、現生のギンヤンマの翅開長は7センチメートルほどだから、メガネウラはギンヤンマ10匹分の横幅があったことになる。

メガネウラは現生のトンボ類とは別のグループに分類されるけれども、その見た目は、現生のトンボ類とよく似ている。ちがいといえば、メガネウラの腹部の後端に特殊な構造があるくらいだ。

メガネウラに限らず、石炭紀の大森林には多数の有翅昆虫が生息し、メガネウラほどではないにしろ、翅開長数十センチメートル級の種類がほかにも存在した。

なぜ、これほどまでに有翅昆虫が多様化し、大型種が生まれていたのかといえば、それは「空」という場所が完全に彼らのものだったからだ。実は石炭紀という時代は、脊椎動物が上陸に成功してからはさほど時間が経過しておらず（p248「何事も応用が大事」参照）、空を飛ぶことができる脊椎動物はまだ出現していなかった。

有翅昆虫にとっての脊椎動物は競合相手というよりは天敵のような存在である。その天敵に先行する形で、〝制空権〟を手に入れた彼らは、先駆者としてのアドバンテージを十分に生かし、数を増やし、大型化にも成功したのである。

後発の〝強者〟

実は、石炭紀に有翅昆虫が繁栄したのは、単純に「空に天敵がいなかったから」というだけではない、という指摘もある。

２０１２年にカリフォルニア大学（アメリカ）のマシュー・Ｅ・クラハムとジャレッド・カールが発表した研究によると、石炭紀における有翅昆虫の繁栄時期は、地球の酸素濃度が現在と比べて高かった時期と重なるという。

多くの動物にとって、酸素は代謝の促進に関係する。代謝が促進されるということは、成長しやすいということだ。

また、酸素濃度が高いということは、大気中に酸素分子が多いということでもある。酸素分子が多ければ、その分、大気の〝粘性〟が増し、飛行しやすいという指摘もある。

つまり、高酸素濃度の大気が、有翅昆虫たちの繁栄、とりわけ、大型化に関係していたのではないか、とつながっていく。地球環境の変化という「周囲のタイミング」と「先駆者のアドバンテージ」の両方があってこその繁栄だった、というわけだ。

実際、地球大気の歴史をみると、酸素濃度が高いのは石炭紀だけではない。たとえば、恐竜の繁栄で知られるジュラ紀末（約1億5０００万年前）にも酸素濃度は高まっている。しかしこのとき、大型の有翅昆虫は出現しなかった。

約1億5０００万年前には、すでに鳥類が出現していた。鳥類は飛行性の動物としては、有翅昆虫や翼竜類よりも後発だ。しかし、小回りの利くからだと翼をもち、しだいにその〝勢力〟を広げていった。その結果として、有翅昆虫は再大型化の道を阻まれた可能性がある、とクラハムとカールは指摘している。強力な天敵の存在によって、「先駆者のアドバンテージ」がねじ伏せられたのである。

ただし、大型化の道こそ妨げられたものの、昆虫類というグループそのものには大きなダメージはなかった。その意味では、石炭紀に築かれた「先駆者のアドバンテージ」はジュラ紀においてもなお、続いていたともいえる。

〝先駆者〟のもつ可能性

先に進む者が、一定の利を得る。それは、昆虫類だけにみられる現象ではない。

今から約3億7000万年前の古生代デボン紀末、脊椎動物の本格的な上陸が始まった（p248「何事も応用が大事」参照）。このとき、〝上陸作戦の主力〟を担ったのは、両生類だ。ただし、「両生類」とはいっても、現在の地球でみることのできるグループではなく、すでに絶滅したいくつかのグループだった。

彼らもまた、先駆者のもつアドバンテージを十分に生かし、各所で繁栄し、そして多様化をみせたのである。

多様化した両生類の象徴として、筆者は「**ディプロカウルス**（*Diplocaulus*）」を推したい。全長1メートルほどのこの動物は、ブーメランのような頭部が特徴だ。左右に大きく頬が張ったその頭部は、真上から見ると底辺の長い二等辺三角形を思い起こさせるも、その底辺の中央が前方に向かって凹んでいた。左右幅の大きな頭部をもちながらも、口は先端近くに小さくあるだけで、眼もその口の近くに配置され、なんとも愛嬌のある顔立ちとなっている。ちなみに、この頭部は成長に伴って左右に伸びたことがわかっており、幼いころはブーメラン形ではなく、おにぎり形……正三角形に近い形だった。しかもこの頭部は厚みがない。

特徴的な頭部をもつディプロカウルスは、頭部以外も特徴的だ。胴体は左右にでっぷりとしているけれども、頭部ほどではないにしろ、厚みがあまりない。どことなく質の悪いクッションを思い起こさせる。その胴体から伸びる四肢は短くて華奢だ。

こうした体型から、ディプロカウルスは一生を水中で過ごしていたと考えられている。比較的流れの速い場所で活動することに向いていたらしい。

ほかにも、まるでヘビのように、四肢を消失した両生類がいたり、どっしり型で生態系の頂点に立つような両生類もいた。

両生類が多様化する中で、他の脊椎動物のグループも出現した。しかし彼らは約２億５２００万年前の古生代ペルム紀末に大量絶滅事件が発生するまで、両生類がもっていた「先駆者のアドバンテージ」を奪取することはできなかったのである。

支配者は絶対ではない。

その例として最もわかりやすいのは、約6600万年前の中生代白亜紀末に起きたK/Pg境界大量絶滅事件前の恐竜類たちと事件後の哺乳類の関係だろう（p72「絶滅とか生き残りとか、結局は運」参照）。ちなみにこの名称は、白亜紀を示すドイツ語「Kreide」とその次の時代である古第三紀を示す英語の「Paleogene」にちなむ（白亜紀がなぜ、英語の「Cretaceous」の「C」ではないのかといえば、地質時代には「C」で始まる時代がほかにも複数あるからだ）。

K/Pg境界大量絶滅事件の発生まで、地上では恐竜類、空には翼竜類、海にはクビナガリュウ類などのさまざまな海棲爬虫類が、それぞれ繁栄していた。

しかし、K/Pg境界大量絶滅事件によって、そのほとんどが滅びを迎えた。

哺乳類もこのとき大打撃を受けたものの、生き残った哺乳類、とくに真獣類と呼ばれるグループがいち早く、各生態系に進出していった。それは、他の〝生き残り動物群〟を圧倒する速さだった。

結果として、このとき真獣類は多様化、大型化に成功し、空にも海にも進出を果たしていく。そして、今日の生態系の礎を築くことに成功する。

Ｋ／Ｐｇ境界大量絶滅事件で空になった各生態系で、「先駆者のアドバンテージ」を獲得することに成功したのである。

いつどこで、「先駆者のアドバンテージ」を発揮できる場面が訪れるとも限らない。大切なことは、そのチャンスを逃さないこと。哺乳類はまさにそのチャンスを逃さなかったのである。

読み解くキーワード

1 生命史の視点で見た「守り」と「攻め」

2 甲冑魚の繁栄と衰退

3 軟骨魚類の躍進

攻めるべきか……生き残るのはどっちだ？

ピックアップ古生物

クラドセラケ

- 見た目はサメっぽい
- 高速遊泳できる種
- 雄の生殖器はみつかっていない

ダンクルオステウス

- デボン紀後期の甲冑魚
- 全長8～10mの大型種
- 噛む力はホホジロザメより強い

人は一定の成功をおさめると「守りに入る」ことがある。点を取り合うゲームにおいて、大きな得点差がある場合、リードしている方はさらなる点を取りにいくのではなく、守備を固め、失点を防ぐように戦術や戦略を切り替えることがある。人生でも一定以上の出世をしたり、それなりの給料を得るようになったり、あるいは定年がみえ始めると、キャリアの幅を広げるような新企画に挑むことをやめ、安定・安全な仕事ばかりをするようになる人がいる。

もちろん、そんな「守りに入る」ことが悪いことではないだろう。

しかし、生命史の視点で見るとどうだろうか？ 〝守りに入った古生物〟は存在したのだろうか。もしも存在したとして、その結果はどうだったのだろう？ 今回は、そんなお話だ。

守ることで得た繁栄

魚の仲間の歴史をたどると、最も古い種類は今から約5億2000万年前に登場した。その魚は、全長数センチメートルほどで、身を守るための鱗（うろこ）や、獲物を嚙み砕くための顎をもっていなかった。ひれも未熟である。つまり、防御性能も攻撃性能も、移動能力も決して高くはなかった。

やがて、魚の仲間は鱗をもち、顎をもち、ひれを発達させた種が多くなっていく。

そうした進化の過程で、とくに前半身を骨でできた板で覆った魚が登場するようになる。骨で

できた板。それは、まるで骨製の鎧だ。

ゆえにこうした魚は、「甲冑魚（かっちゅうぎょ）」と俗に呼ばれている。学術的な分類名ではなく、あくまでも「甲冑のようなものをもつ魚」というくらいの俗称だ。

魚の仲間では、「甲冑」はその登場から1億年以上にわたって〝ブーム〟となった。さまざまな甲冑魚が登場するのである。多くの魚たちが「守ること」を〝重視〟したのだ。

甲冑魚の代表といえる魚は、2種類ある。

一つは、約3億9300万年前のデボン紀中期に登場した「**ボスリオレピス**（*Bothriolepis*）」の名をもつ魚たちだ。「ボスリオレピス・カナデンシス（*Bothriolepis canadensis*）」「ボスリオレピス・マキシマ（*Bothriolepis maxima*）」など、「ボスリオレピス」の仲間は100種を超え、その化石は南極大陸を含むすべての大陸から発見されている。デボン紀中期の海で、まさに大繁栄していた。

各種で多少のちがいはあるものの、ボスリオレピスの仲間は、横に幅広く、前後に寸詰まりの頭部とティッシュ箱をつぶしたような形状の胴部をもっていた。そして、頭部と胴部、さらに胸びれまでも、カチコチの骨の鎧で固めていた。このページの左上に描かれている魚がまさにボスリオレピスである。

胸びれまでもカチコチなので、この魚がどのように動いていたのかは、研究者によって見解が分かれている。胸びれを方向舵として使っていたという見方もあれば、胸びれを使うことで地上を歩くことができたという見方もある。

一つたしかなことは、徹底的に守りを固めた彼らが大繁栄を遂げることに成功したということだ。

守りつつ、最強となる

約3億8200万年前になるとデボン紀も「後期」と呼ばれるようになる。

この時代、ある甲冑魚が生態系の頂点に君臨していた。

その甲冑魚の名前を「**ダンクルオステウス**（*Dunkleosteus*）」という。全長8メートルとも10メートルとも言われる大型種だ。現在の海にいるホホジロザメを大きく上回る巨体で、古生代の魚の仲間では最大だ。

ダンクルオステウスは「甲冑魚、かくあるべし！」というような姿をしている。ボスリオレピスとはちがった意味で、甲冑魚の代表的な存在である。骨の板で覆われた頭胸部は大きくやや角ばっており、口先には歯のように鋭い突起がある（歯そのものではない。ダンクルオステウスに歯はない）。西洋の兜を彷彿させる姿であり、その大きさは1メートルを超えていた。百聞は一見にしかず。この頭胸部の復元骨格は、たとえば東京・上野の国立科学博物館や、福岡県の北九

州市立自然史・歴史博物館などで見ることができる。

ダンクルオステウスの〝甲冑〟は、単純に身を守るためだけのものではなかったことがわかっている。甲冑の一部でもある顎の「噛む力」を分析した研究によると、口の先端で４４００ニュートン以上、口の奥では５３００ニュートン以上の力を出すことができたという。

参考までに、別の研究によって示された現生のホホジロザメが獲物を噛むときの力は、奥歯で３１３０ニュートンである。研究手法が異なるので単純に比較はできないけれども、それでもダンクルオステウスの顎は、ホホジロザメの顎をはるかに上回る〝破壊力〟をもっていたことになる。

デボン紀の海洋世界において、ダンクルオステウスは最強の存在だったとみられている。

巨体、甲冑による防御性能、そして甲冑の一部が生み出す破壊力。

重騎士。

重戦車。

ダンクルオステウスは、そういった言葉が似合う重量級の狩人（かりゅうど）だった。守りに入りつつ、その中でも最大限の攻撃力を備えていたのである。

徹底的に防御を固めたボスリオレピスは世界各地の海で栄え、防御の上に破壊力まで備えたダンクルオステウスは生態系の頂点に立った。

これだけをみれば、「守りに入る」ことこそが成功につながったようにみえなくもない。

しかしデボン紀の海にいた魚の仲間がすべて甲冑魚というわけではない。

甲冑魚以外の魚として、デボン紀の海を象徴するのは、「**クラドセラケ**（*Cladoselache*）」だ。流線形のからだ、発達した胸びれと背びれ、幅の広いブーメランのような形をした尾びれをもつ軟骨魚類である。

軟骨魚類は、現在の海ではサメやエイが所属するグループだ。クラドセラケもどことなくサメを彷彿させる姿のため、「最古のサメ」や「最初期のサメ」と呼ばれることが多い。ただし、クラドセラケは厳密な意味の「サメ類」というわけではない。たとえば、現在のサメ類をみると口は吻部（鼻先）の下にある（鼻が突出している）が、クラドセラケの口は吻部先端にあった。ただし、サメ類と同じように高い機動性をもっていたと考えられている。

クラドセラケの胸びれは、前部ほど頑丈にできていて、後部は柔軟性に富んでいた。水中を高速で泳いだときに発生する強い抵抗は、頑丈な前部でしっかりと受け、そして、後部を自在に動

かすことで進路の調整をすることができたとみられている。

飛行機に乗り、翼の近くの席に座ったことがある人ならば、見たことがある景色かもしれない。飛行機は、離着陸時になると、翼の後部が一部突出し、上下に動く。これによって揚力の微調整を行うのである。クラドセラケも同じことができたと考えられている。

そして、もとより流線形の体つきは、水中の抵抗を減らすことには最適だ。ボスリオレピスやダンクルオステウスと比べると、クラドセラケはそのからだの形自体がすでに高速遊泳に向いているのである。

ちなみに、クラドセラケの化石はこれまでに数百体発見されているが、クラスパー（雄の生殖器）が確認されていない、という妙な特徴がある。

つまり、これまでに知られているクラドセラケはすべて雌なのかもしれない。では、雄のクラドセラケはどこに生息していて、どのような姿をしているのか？　そもそもクラスパーがあったのか否かなど、この軟骨魚類については謎が多い。

“攻め”は“守り”に勝る？

ボスリオレピスやダンクルオステウスなどの甲冑魚たちは、デボン紀が終わり、次の石炭紀が始まると、その数を激減させ、やがて滅んでいく。

一方で、クラドセラケに代表される軟骨魚類は、石炭紀になると大繁栄することになる。

生存競争の結果は明らかだった。

〝守り〟の魚たちが繁栄したのは一時期だけで、高速遊泳仕様という〝攻め〟の魚たちが勝利したのである。

その後、軟骨魚類は進化を繰り返し、ジュラ紀前期になると、現在のサメ類につながるグループ（新生板鰓類）を誕生させる（ｐ274「ライバルとともに成長する！」参照）。

現在、新生板鰓類の〝主力〟たるサメの仲間たちは、総種数３７０種以上と言われている。最強の魚の代名詞であるホホジロザメを擁するほか、最大の魚であるジンベイザメ、最速の魚の一つであるアオザメなど実に多様な姿と生態を誇っている。

視点を変えてみると、生命の歴史において、所属するグループが異なっても、似たような姿をもつものが登場することがある（ｐ92「進化の成功者は、フシギと似ている」参照）。軟骨魚類にみられる「高速遊泳型」は、魚の仲間に限らず、魚竜類やクジラ類（イルカ類）にも登場した。一方で、甲冑魚のような「防御重視型」は、他の動物群には出現しなかった。このことからも、〝守りの姿勢〟は、少なくとも水中世界では成功につながらなかったと言うことができるだろう。

ただし陸上世界では、必ずしもそうではない。典型的な例はカメ類で、彼らは素早さも攻撃力も保持していない防御特化型だが、２億年を超える繁栄の歴史がある。ほかにも恐竜類の中に出

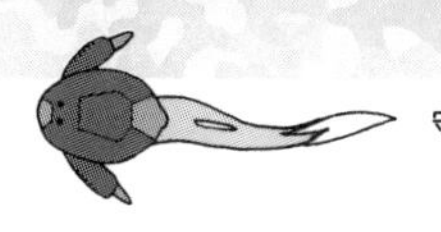

現した鎧竜類、哺乳類においてもアルマジロの仲間など、〝守りの姿勢を重視する動物群〟は、一定の成功を手にしている。ただし、いずれも基本的には〝狩る側〟ではない。

一つ、たしかなことは、〝守りの姿勢〟を採用した動物は、海においては長期の〝覇権〟を維持することはできなかったし、陸においても〝覇権〟とは無関係であるということだ。そして、当然のことながら、〝攻め〟を採用しなければ、生態系の上位に立つことはできない、ということである。

27 何事も応用が大事
……と四肢動物が教えてくれる

ピックアップ古生物

ティクターリク

・カナダにある約3億7500万年前の地層から化石発見
・関節のあるひれを持っていた
・「腕立て伏せする魚」の異名がある

アカントステガ

・〝最古級〟の四肢動物
・指は8本
・地上では自重を支えられず

ティクターリク
浅瀬などをひょこひょこ動き回る

読み解くキーワード

四肢動物誕生の歴史
脊椎動物の陸上世界への進出
そもそも四肢は何のために誕生したのか

すでにあるものを「応用する」ことが、思わぬ効果を発揮することがある。今回は、そんなお話だ。話の中心にいるのは、「四肢動物」である。

四肢動物とは、文字通り4本のあし（肢）をもつ動物たちのことだ。現生の動物グループでいえば、両生類、爬虫類、哺乳類、鳥類を指す。

私たちヒトのように二足歩行をするものであっても、腕の起源はもともとは前脚だ。ヒトは進化の結果として前脚を歩行に使用せず、腕として使うようになった生き物である。

鳥類も脚は2本しかないが、その翼はやはり前脚が進化したものだし、ヘビ類のように脚のない動物も、もともとあった四肢が進化の結果として消失したものだ（p194「思い切った切り捨てが吉と出る」参照）。現生の陸上脊椎動物の4グループは、みんな4本のあしをもっている（あるいは、もっていた）のである。

よく考えると、これは珍しい。

節足動物には、ムカデのように数十本のあしをもつものがいるかと思えば、昆虫のように6本あしのもの、クモのように8本あしのものもいる。

軟体動物の1グループである頭足類をみると、タコとイカのあしは8本だけれども、オウムガイは90本ものあしをもつ。

脊椎動物以外のグループをみれば、あしの本数は近縁種でも決して同じとはいえない。

陸上脊椎動物だけが、グループはちがっても「四肢動物」と呼ばれるほどの共通点を有しているのである。

そして、すべての四肢動物の四肢の起源は、魚のひれにあると考えられている。

目的外の利用

度重なる発見と研究によって、現在では四肢動物誕生の歴史は、かなり詳しいレベルまで有力な仮説が発表されている。

まず、四肢動物への進化のスタートともいうべき魚は、約3億8000万年前（古生代デボン紀後期初頭）に出現した。この魚は、魚雷のような円筒形のからだの持ち主で、胸びれの中に上腕骨、橈骨（とうこつ）、尺骨があった。

この3種類の骨は、もちろん私たちの腕にもある。上腕骨は肩から肘にかけての骨、橈骨と尺骨は肘から手首にかけての骨だ（橈骨が親指側、尺骨が小指側）。つまりこの魚は、魚であるにもかかわらず、ひれの中に腕の構成要素があった。

その〝一歩先にいた魚〟の化石も発見されている。その魚は、ワニのように平たいからだをもち、ひれの中には上腕骨、橈骨、尺骨に加え、4本の指の骨があった。

そして、さらに〝一歩先の魚〟の存在も知られている。その魚の化石では、指の骨は未発見ながらも、ひれの中に上腕骨、橈骨、尺骨があり、それらが互いに関節していたことがわかっている。すなわち、肩、肘、手首があった。

この関節をもった魚は、「**ティクターリク**（*Tiktaalik*）」と呼ばれている。カナダにある約3億7500万年前の地層から化石がみつかっている。

ティクターリクは、魚でありながらも関節のあるひれをもっていることで、「腕立て伏せする魚」の〝異名〟がある。この異名は、肩、肘、手首があるという特徴を端的に表現したものだ。ティクターリクは、この関節のあるひれを使うことで、浅瀬や干潟などをひょこひょこと動き回ることができたとみられている。

そして、ティクターリクとほぼ同時代か、あるいは少しだけ新しいデボン紀最末期（約3億7200万年前〜約3億5900万年前）になると、「**アカントステガ**（*Acanthostega*）」という全長60センチメートルほどの動物が登場した。

アカントステガこそは、知られている限り最も古い四肢動物だ。前脚2本、後ろ脚2本が確認できる。ちなみに、指は8本あった。

さて、一般には、魚のひれが四肢となり、四肢をもつことで「歩行」ができるようになり、そして、脊椎動物は陸上世界への進出を開始した、と言われている。

もちろん、原因と結果だけに注目すれば、それは誤りではない。

しかし、〝最古の四肢動物〟であるアカントステガの四肢は、「私たちの知る四肢」ではない。関節が非常に華奢で、浮力のない地上では、自重を支えることができなかったのだ。

アカントステガが生息していた場所は、水深の浅い河川だったとみられている。河川の周囲には森林が茂り、その落ち葉などが川底に溜まっていた。

そんな〝混雑した水中空間〟で、アカントステガの四肢は、落ち葉をどけたり、小石にからだを固定したりすることに役立ったらしい。

つまり、もともと四肢は「歩くためのもの」ではなかったと考えられている。あくまでも水中移動のサポート用だったのだ。移動に関しては、四肢よりも尾びれの方が役立っていたのかもしれない。

こうして登場した四肢は、〝その先の進化〟として、頑丈さを獲得し、関節も強くなって、結果として、浮力のない地上でも自重を支えることにつながっていくことになる。

祖先に起きた〝ものすごい応用〟が、その後の四肢動物の繁栄を決定づけたのだ。

何事も応用が大切なのだ。

「こだわらない」から進化する

ピックアップ古生物

テリジノサウルス

- 長爪でメタボ
- 全長10m、体重5t
- モンゴルにある白亜紀後期の地層から化石発見

ファルカリウス

- 白亜紀前期のアメリカに出現
- 最古級のテリジノサウルス類
- 歯は植物食仕様

エオドロマエウス

- 最古級の獣脚類
- ナイフのような形をした肉食用の歯がある
- アルゼンチンにある三畳紀後期の地層から化石発見

読み解くキーワード

1 テリジノサウルス類

2 肉食で生きるか、植物食で生きるか

3 テリジノサウルスはなぜ「メタボ体型」なのか？

新生代
第四紀
新第三紀
古第三紀
中生代
白亜紀
ジュラ紀
三畳紀
古生代
ペルム紀
石炭紀
デボン紀
シルル紀
オルドビス紀
カンブリア紀

一つのことにこだわって長じる人がいれば、そのこだわりを捨てたからこそ新境地に至る人もいる。それは何も人間に限ったことではない。恐竜にも、そんな新境地の開拓の末に出現したものがいる。

その恐竜は、長爪でメタボ。

この二つの単語が実に似合う。

名前を**「テリジノサウルス**（*Therizinosaurus*）」という。頭部は小さく、首は細長い、二足歩行型の恐竜だ。全長10メートル。体重は少なくとも5トンはあったとみられている。

テリジノサウルスの最大の特徴は、長い腕の先にある長い爪だ。化石でみつかる骨質の部分だけでも、その爪の長さは実に70センチメートル。生きていたときには、その先に角質部分（延長部分）があったはずなので、かなりの長さの爪をもっていたとみられている。モンゴルに分布する白亜紀後期（約7200万年前）の地層から化石がみつかった。群馬県の神流町恐竜センターでは、その爪の部分の複製が展示されているので、機会があれば訪問してみると良いだろう。

そして、メタボ。この表現は、もちろん、正しくない。テリジノサウルスが、いわゆる内臓肥満・高血圧・脂質異常・高血糖などがあわさった状態の「メタボリックシンドローム」であったというわけではない。しかし、この言葉が端的に示唆する大きな胴体もまたテリジノサウルスの大切な特徴といえる。

今回は、この愛すべき姿をもつ恐竜とその仲間に関わるお話だ。

スマートに生きる

テリジノサウルスに代表されるグループを「テリジノサウルス類」と呼ぶ。テリジノサウルス類は、すべての肉食恐竜が分類される「獣脚類」を構成するグループの一つである。

知られている最古級の獣脚類は、アルゼンチンに分布する約2億2800万年前（三畳紀後期）の地層から化石がみつかっている。この獣脚類の名前を「**エオドロマエウス**（*Eodromaeus*）」という。全長1・8メートルほど、体重はわずか5キログラムほどのスマートな二足歩行の小型恐竜で、口にはナイフのような形をした鋭い肉食用の歯が備わっていた。

ちなみに最古級の恐竜はほかにもいくつかみつかっているが、それらは同じような大きさ、同じような姿をしていた。また、エオドロマエウスの「エオ（*Eo*）」は「暁の」を意味するラテン語で、さまざまなグループの初期の種（と思われる種）の名前などに用いられる。話はそれるが、有名な始祖鳥はその学名を「*Archaeopteryx*」と書き、この「*Archaeo*」も「*Eo*」と似たようなもので、「太古の」や「始まりの」という意味がある。学名の意味をいくつか覚えておくと、名前をみるだけで研究者がその動物をどのように考えていたのか、その〝立ち位置〟がわかる。何かと便利かもしれない。

閑話休題。

すべての獣脚類は、エオドロマエウスのような小型軽量の肉食恐竜から進化したとみられている。彼らは、現代の小型犬並みの軽量さを生かした狩りをしていたとされる。

最古級のテリジノサウルス類は、約1億2500万年前（白亜紀前期）のアメリカに出現した。こちらの名前は「**ファルカリウス**（*Falcarius*）」という。全長は4メートル、体重は100キログラムほどだ。

ファルカリウスは、小さな頭、細長い首、長い腕など、テリジノサウルス類らしい特徴をもつ二足歩行の恐竜である。ただし、テリジノサウルスとは異なり、爪はまだ長くなかった。そして、〝メタボ〟でもない。100キログラムという体重は、ヒトの基準でいえばかなりの重さではあるが、なにしろ4メートルの全長に対しての100キログラムである。軽量級とさえいえるスマートなからだである。

ファルカリウスは、口の中にも特徴があった。歯が植物食仕様だったのだ。エオドロマエウスのようなナイフ状のものではない。先が広がったスプーンのような形状で、これは長い首と長い尾で知られる四足歩行の植物食恐竜グループ「竜脚類」の歯とよく似ていた。

獣脚類というグループは、すべての肉食恐竜が属しているけれども、属する恐竜のすべてが肉食性というわけではない。このグループの祖先はエオドロマエウスのように肉食性だったとみら

れているが、進化の結果、植物食性となったものも多数存在する。

テリジノサウルス類もそうした〝二次的に植物食仕様となったグループ〟の一つだ。知られている限りその最古級であるファルカリウスの段階で、すでに植物食恐竜へ、進化の舵を切っていたことがわかる。

どっしりと生きる

植物食恐竜として命を紡ぐことになったテリジノサウルス類。このグループの〝進化の果て〟に登場したテリジノサウルスは、祖先であるファルカリウスがもっていた〝スマートさ〟を〝放棄〟した。なにしろ、テリジノサウルスは、ファルカリウスよりも全長値が2倍以上になっているとはいえ、その体重はファルカリウスの50倍を超えるのである。

テリジノサウルスは歯をもっておらず、植物を丸呑みして食べることしかできなかった。同じように歯をもたない植物食性の獣脚類には、144ページの「やっぱり愛がイチバン！」で紹介したオルニトミモサウルス類がいる。オルニトミモサウルス類は、歯をもたないかわりに、小石を呑み込んでいたとみられている。こうした石は「胃石」と呼ばれ、胃の中で植物をすりつぶすことに役立つ。

テリジノサウルスは、歯もない上に胃石もない（少なくとも、発見されていない）。

そこで、〝メタボ体型〟だ。

メタボのように見えるその胴体の内部には、内臓脂肪ではなく、長い腸があったとみられている。その長い腸で時間をかけてゆっくりと植物を消化したのではないか、というわけである。

スマートな肉食性という祖先から、どっしり型の植物食性へ。生態を大きく変えたテリジノサウルス類は、とくに白亜紀後期のアジアにおいて、一定の繁栄を勝ち取ることに成功した。

一つのことに〝こだわりすぎなかったゆえの結果〟が、ここにある。もしもあなたが、勉強や仕事に煮詰まっているのなら、テリジノサウルス類が実行したような〝大胆な視点変更〟に挑戦してみるといいかもしれない。

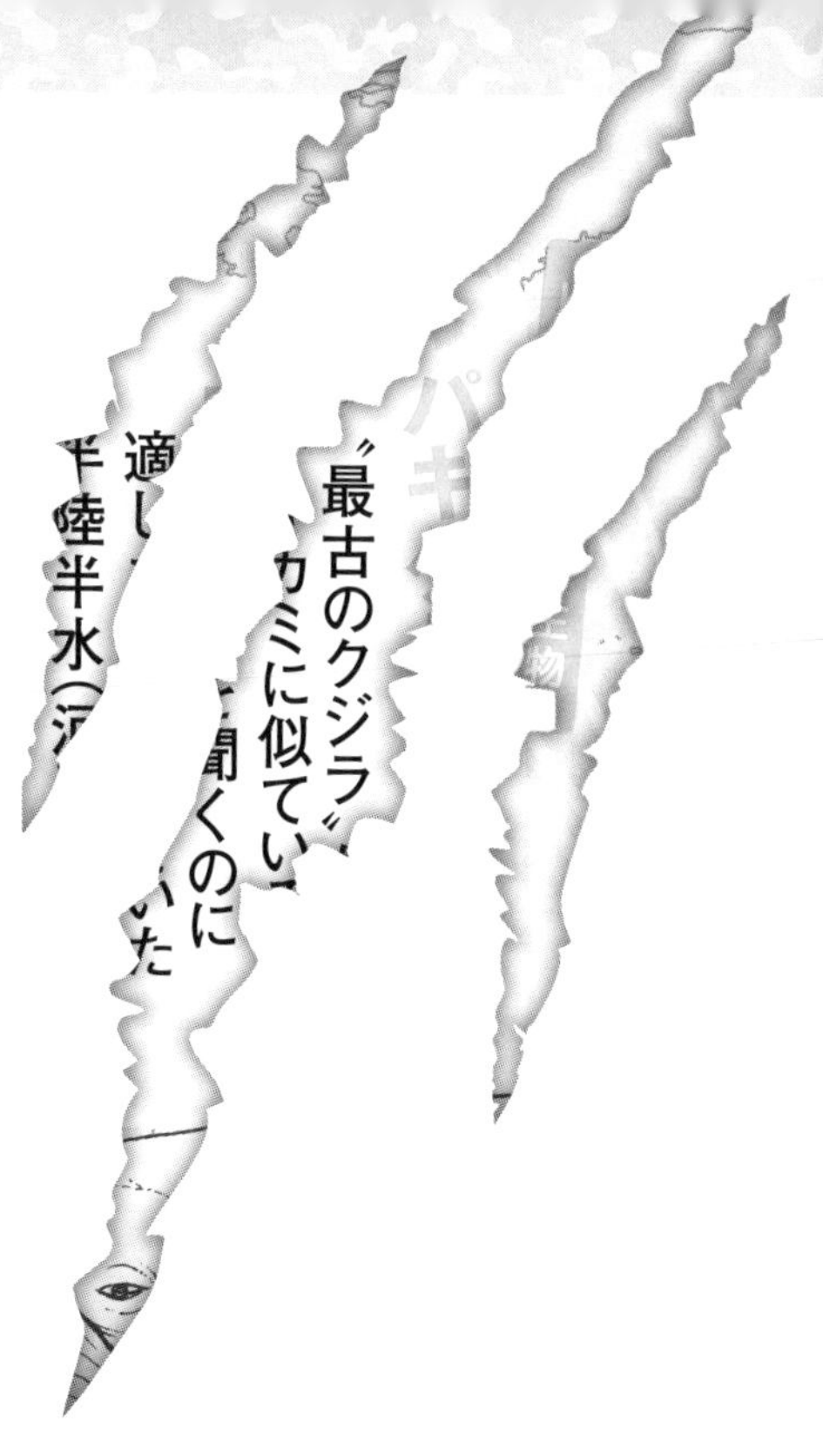
〝最古のクジラ〟
カミに似てい
聞くのに
いた
適し
半陸半水（河

儲かる〝桶屋〟になるには、事前の準備が必要！

読み解くキーワード

1 クジラ類の繁栄の歴史
2 プレートの運動
3 「濾過食」という武器

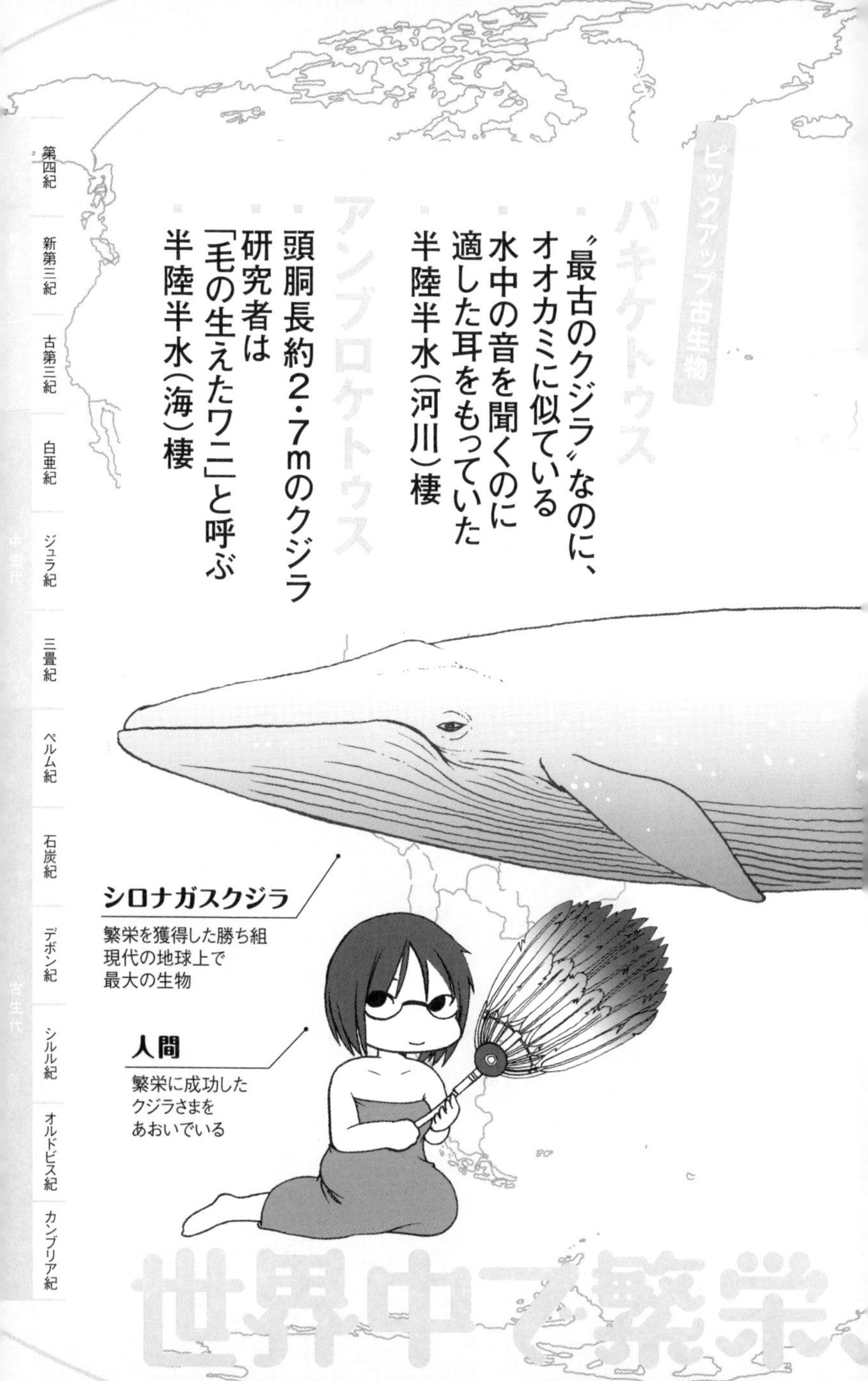
ピックアップ古生物
パキケトゥス
“最古のクジラ”なのに、
オオカミに似ている
水中の音を聞くのに
適した耳をもっていた
半陸半水（河川）棲
アンブロケトゥス
頭胴長約2・7mのクジラ
研究者は
「毛の生えたワニ」と呼ぶ
半陸半水（海）棲
シロナガスクジラ
繁栄を獲得した勝ち組
現代の地球上で
最大の生物
人間
繁栄に成功した
クジラさまを
あおいでいる
世界中で繁栄
第四紀
新第三紀
古第三紀
白亜紀
ジュラ紀
三畳紀
ペルム紀
石炭紀
デボン紀
シルル紀
オルドビス紀
カンブリア紀
新生代
中生代
古生代

風が吹けば……

風が吹けば、砂埃(すなぼこり)が舞う。

砂埃が舞えば、盲人が増える。

盲人は三味線を弾く。そのため、盲人が増えれば、三味線の需要が増す。

三味線には猫の皮が張られている。三味線の需要が増すと、猫が減る。

猫が減れば、鼠(ねずみ)が増える。

鼠が増えれば、桶(おけ)が齧(かじ)られる。桶が齧られれば、使い物にならなくなり、買い替えの必要が生じる。


そのため、桶屋が繁盛する。

風が吹けば……めぐりめぐって、桶屋が儲(もう)かる。


これは、思わぬ結果、あるいは、あてにならぬ期待をすることの比喩だ。

しかし、この桶屋はただ待っているだけで、利益を得ることができたのだろうか？

このたとえ話が成立するために桶屋は……、
一つには、桶をつくる技術をもっていなければならない。

一つには、桶をつくる材料を事前に仕入れておかなければ、需要があったとしてもタイミング

良く供給することはできない。

一つには、競合他社が少ない業界で（競合他社がいれば、利益はその分少なくなる）、〝大規模需要〟が発生するまで店を維持しなければならない。

一つには、桶が必要となったときに、庶民(クライアント)が頼ってくれるよう、信用を築いておかなければならない。

……といった、事前準備と営業努力が欠かせないはずだ。

そんな例は、生命の歴史でも見ることができる。

新環境の〝開拓〟

今から約６６００万年前、一つの小惑星がメキシコのユカタン半島沖に落下し、繁栄の〝極み〟にあった恐竜王国を滅ぼすことになった（p72「絶滅とか生き残りとか、結局は運」参照）。その大事件から２０００万年ほど経過したころ、現在のインド北西部とパキスタン北東の国境付近にちょっと変わった哺乳類が出現した。

頭胴長が1メートルほどのその動物は、どことなくオオカミに似ている。「**パキケトゥス**(*Pakicetus*)」と名付けられた〝最古のクジラ〟だ。

「クジラ」とは言っても、パキケトゥスはしっかりとした四肢をもち、地上を歩く動物である。

なにしろ「オオカミに似ている」のだ。もっとも、オオカミとはちがって、その両眼がずいぶんと高い位置にある。眼の位置だけでいえば、ワニに似ているともいえる。

見た目からはわからない特徴として、パキケトゥスは耳の〝仕様〟がほかの陸棲哺乳類のものと異なっていた。

私たちヒトを含む〝一般的な陸棲哺乳類〟の耳は、空気中で音を聞くことに適しているが、水中の音を聞くことには向いていない。プールなどで水中に潜ったとき、音がどこから聞こえてくるのか、発生源の特定さえ難しいという経験のある人もいるだろう。

しかし、パキケトゥスの耳は、空気中の音よりも、水中の音を聞くことに適していた。これがクジラ類共通の特徴であり、この耳ゆえに、見た目がクジラっぽくなくても、パキケトゥスがクジラ類とわかる。

はっきりとした四肢がある以上、地上を歩くことができる。でも、耳は水中仕様。そこから、パキケトゥスの生態は、必要に応じて河川に潜り、眼だけを水面から出して陸のようすをうかがうような、半陸半水棲だったとみられている。

さて、クジラ類といえば、現在の地球では全90種を擁する大グループだ。その生息域は世界中に広がっており、海棲種だけではなく、淡水に暮らす種もいる。現在の地球で「最大の動物」であるシロナガスクジラも、全長1・4メートルのネズミイルカもこのグループの一員である。多

様性に富む〝成功者のグループ〟といえる。

そんなクジラ類の歴史は、パキケトゥスのような小型の陸棲哺乳類から始まった。パキケトゥスの登場から100万年ほど経過すると、パキケトゥスの生息していた場所から〝そう遠く離れていない海岸〟に「**アンブロケトゥス**（*Ambulocetus*）」という頭胴長約2・7メートルのクジラが現れる。

アンブロケトゥスも、パキケトゥスと同じようにはっきりとした四肢をもつ哺乳類である。ただし、どちらかといえばスマートな印象のあるパキケトゥスとは異なり、アンブロケトゥスはがっしりと骨太の姿をしていた。研究者は、アンブロケトゥスのことを「毛の生えたワニ」と呼ぶ。どことなくワニに似ているけれども、哺乳類なので体毛があった、というわけである。

アンブロケトゥスも半陸半水の生活者とみられている。しかし、半陸半水の「水」が示す場所は「海」であることがパキケトゥスとのちがいだ。アンブロケトゥスは、クジラ類の祖先が陸から海へと進出する、その途中段階の動物とみられている。

アンブロケトゥスの登場から1100万年ほど経過したとき、クジラ類は完全に水中生活に適応していた。当時のクジラ類を代表するのは、全長5メートルほどの「**ドルドン**（*Dorudon*）」。この動物は、小さな後ろあしが残っているものの、前あしはひれと化しており、その姿は現在の小型のクジラ類……つまり、イルカにかなり近い。

クジラ類はその歴史の始まりから1000万年と少しの時間をかけて、陸から海へと進出した。そして、しだいに数を増やし、繁栄の道を突き進んでいく。

ただしこの時点では、プランクトン食に適したシロナガスクジラなどを擁する「ヒゲクジラ類」は、まだ登場していない。当時の彼らは歯を使って食事をする〝一般的な海棲動物〟だった。

〝風〟は、突然吹き始める？

視点を地球規模に切り替えよう。

地球の表層は「プレート」と呼ばれる、とてつもなく大きな板状の岩盤に分割されている。プレートは十数枚存在し、互いに離れたり、衝突したり、すれちがったりしている。

日本列島で暮らす私たちは、このプレートの動きを肌で感じているはずだ。なにしろ、私たちの生活に密接に関係する地震や火山は、プレートによるものなのである。

日本列島は、世界でも数少ないプレートの〝集合ポイント〟である。「北米プレート」「ユーラシアプレート」「太平洋プレート」「フィリピン海プレート」が集まっており、東日本は北米プレートの上に、西日本はユーラシアプレートの上に乗っている。そして、北米プレートの下には太平洋プレートが、ユーラシアプレートの下にはフィリピン海プレートが沈み込む。この沈み込むときに上側のプレートが引っ張られ、そして限界を超えたときに、上側のプレートが〝跳ね戻

る〟。これによって、大規模な地震が発生するわけだ（プレート内部で地震が起きることもあるので、すべての地震が〝跳ね戻る〟ことで発生しているわけではない）。

プレートの移動速度は年間10センチメートル弱。とてもゆっくりである。それでも、たとえば、太平洋プレートの上にはハワイ諸島があり、ゆっくりとではあるけれども、日本に向かって移動してきている。また、もともと伊豆半島は、フィリピン海プレートに乗ってやってきた島が本州と合体してできたものである。

こうして、プレートは移動し、その上にある海底と陸地を運ぶ。

地球の長い歴史をみれば、約2億年と少し前には、すべての大陸が合体していて、超大陸パンゲアをつくっていた。

その後、プレートの運動によってパンゲアは分解され、諸大陸は現在の配置へと移動していく。この分裂していくプロセスにおいて、最後まで合体していた大陸が、オーストラリア大陸と南極大陸だった。しかし、この二つも約3000万年前までに分裂した。

この地球規模の変化が、繁栄を始めつつあったクジラ類にとって、〝思わぬ風〟となる。

チャンスを見逃さずに〝大変身〟

クジラ類が桶屋となる話は、ここから始まる。

オーストラリア大陸と南極大陸が分裂した結果、この二つの大陸はともに他の大陸とは陸路でつながらない孤高の陸地となった。南北アメリカ大陸をつなぐパナマ地峡や、ユーラシア大陸とアフリカ大陸をつなぐスエズ地峡のようなものが、この二つの大陸にはない。

それでも、オーストラリア大陸は、ニューギニア島をはじめとする大小の島々によってユーラシア大陸のマレー半島まで〝断続的に〟つながっているといえなくもない。

一方の南極大陸にはそうした島々さえ存在しない。オーストラリア大陸と分かれたのちのこの大陸は〝正真正銘の孤高〟の陸地である。

完全な〝一人ぼっち〟となった南極大陸のまわりには、一周する海流が生まれた。これを「南極周回流」という。

地球上の海流の多くは、複数の気候帯をまたがって流れている。たとえば、日本付近を流れる黒潮は、東シナ海から北上して、低緯度の熱を中緯度に運ぶ。たとえばメキシコ湾流は、アメリカ南岸のメキシコ湾からヨーロッパへと大西洋を斜めに横断し、こちらも低緯度から高緯度へと熱を運んでいる。現在のヨーロッパが、緯度の割に比較的暖かいのは、このメキシコ湾流による熱輸送があるからだ。

こうした〝熱の移動〟が、南極周回流にはない。しかも、高緯度をぐるぐると回る。その結果、南極周回流はどんどん冷たくなっていく。

一定以上冷え込めば、氷ができる。海で氷ができるとき、海水に含まれる塩分は氷には取り込まれず、海の中に残される。

その結果、南極大陸周辺の海の水は、冷たく、塩分濃度の高いものとなっていく。冷たくて塩分濃度の高い水は、そうではない水と比べると重い。重ければ、当然、その水は深海へと沈んでいく。南極大陸周辺に、大規模な下降流が生まれることになる。

海の底には何があるのだろう？

海の底には、長い地球史の中でたまったプランクトンの死骸などの有機物がある。それも大量に。

大規模な下降流は、その有機物を巻き上げることになった。

こうして、南極大陸周辺の海では、他の海域よりも有機物が豊富となる。

そして、その有機物を食べるプランクトンが急増した。

クジラ類はこのタイミングを〝見逃さなかった〟。大量に増えたプランクトンを「濾過して食べる」という独特の生態を得たグループが進化したのである。このグループこそが、ヒゲクジラ類だ。

ヒゲクジラ類の「濾過食」という生態は、彼らの繁栄を約束した。なにしろ、同じような大型海棲動物たちには、この生態をもつものがほとんどいない。つまり、競合相手が極めて少ない

〝ギョーカイ〟である。そんな〝ギョーカイ〟で、ヒゲクジラ類は〝大きなシェア〟を占めることになったのだ。

その後、ヒゲクジラ類は史上最大の海棲動物であるシロナガスクジラなどを擁するグループとして、世界の海で栄えることになる。

クジラ類の歴史を振り返ると、パキケトゥスの段階で水中進出をしなかったり、アンブロケトゥスの段階で海洋進出の足がかりをつかんでいなければ、そもそもヒゲクジラ類の誕生へとつながらなかった。

南極大陸が孤高の大陸となったタイミングで、クジラ類がすでに海棲動物として一定以上の繁栄を勝ち得ていた（準備を終えていた）からこそ、ヒゲクジラ類誕生へとつながったのである。単純に「タイミングが良かった」ともいえるが、その前段階までの進化（準備）は当然、必要だった。

桶屋が儲かるのは、偶然ではないのだ。必然なのである。

最大9・8
の弱点である首
モササウルス
ホワマコ
「マーストリヒトの

ライバルとともに成長する！

……切磋琢磨 *is the best.*

読み解くキーワード

1 中生代の3大海棲爬虫類
2 モササウルス類の繁栄の歴史
3 新生板鰓類の登場と台頭

ピックアップ古生物
クレトキシリナ
ホホジロザメと似た姿
最大9・8m
動物の弱点である首を
狙って噛みつく
モササウルス・ホフマニィ
最大15m
頭骨だけで1・6mもある
「マーストリヒトの大怪獣」
と呼ばれていた
競い合う人間
出会いは10歳
水泳クラブ
その頃から良き
ライバルである

組織において、同期の存在は心強い。

同じ時代、同じ教育で育てられる仲間。悩みを共有し、互いに励まし合える貴重な存在。しかし、同期は最も身近なライバルでもある。自分と能力が近く、そして、〝思い〟が似ている同期ほど、強力なライバルとなる。

典型的な例は、組織内における出世レース。官僚のそれはよく知られているけれども、民間企業でもより権限の強い上級役職ほど席数が少なくなることが常だ。

出世に関係しない場合でも、たとえば同じテーマの企画を立案する際に、同じ教育で育てられた同期はやはり競う相手。採用される企画は一つだけ。オリジナリティを出そうにも、同じ教育で育った同期は、自然と思考が似てきてしまう。その中で、いかに自分の企画を一歩抜け出させることができるか。同期に勝つためにはどうすればいいのか。ライバルがいるからこそ、頭をひねるのである。

先輩は、基本的に追いかける存在だ。いわば目標である。

同期は、競い合う存在だ。同じ〝位置〟からスタートし、ともに走り、ともに駆け上っていく。仲間であり、ライバルである。

生命史にも、そうした〝ライバル〟とともに、生態系を駆け上った（ようにみえる）グループが存在する。

後発の"強者候補"

約2億5200万年前に始まり、約6600万年前まで続いた「中生代」という時代は、陸でも海でも爬虫類が大繁栄した時代である。このとき、海には、俗に「中生代の3大海棲爬虫類」と呼ばれるグループがいた。「魚竜類」「クビナガリュウ類」「モササウルス類」である。

このうち、最も早い時期に登場したグループは「魚竜類」だ。魚竜類は、現生のイルカのような姿をした爬虫類で（p92「進化の成功者は、フシギと似ている」参照）、中生代が始まってすぐに登場し、そして中生代末に発生した大量絶滅事件（p72「絶滅とか生き残りとか、結局は運」参照）を待たずに絶滅した。

魚竜類の登場から数千万年遅れて出現したグループが、「クビナガリュウ類」である。クビナガリュウ類は、名作『ドラえもん　のび太の恐竜』に登場するピー助こと「フタバサウルス（*Futabasaurus*）」に代表される。

3番目の「モササウルス類」は、クビナガリュウ類の出現ののち、1億年近く経過してから現れた。他の2グループと比べると、ずいぶんと遅い。ずいぶんと遅いのだが、モササウルス類は登場すると短期間で海洋生態系を駆け上り、その最上位に君臨することになる。

モササウルス類こそが、今回の話の主役グループだ。

モササウルス類の姿は、一言で書いてしまえば「四肢と尾がひれとなったオオトカゲ」という印象である。種によって四肢も尾もひれ化の程度がずいぶんと異なるけれども、「大きなトカゲが水棲適応した姿」という印象はモササウルス類に共通している。

知られている限り最古のモササウルス類は、現在から約1億年前の白亜紀半ばに出現した。イスラエルから化石が発見されているそのモササウルス類の名前を「**ハアシアサウルス**（*Haasiasaurus*）」という。全長2～3メートルほど。先ほど、「モササウルス類の姿は、四肢と尾がひれとなったオオトカゲ」と書いたばかりだけれども、原始的なハアシアサウルスは、四肢にはまだ指が確認され、尾びれも未発達だった。

鋭い歯はもっているけれども、どことなく剽軽（ひょうきん）であり、この動物の仲間がのちに生態系の最上位にまで駆け上るとはとても思えない。

しかし、ハアシアサウルスに続いて出現したモササウルス類は、全長こそさほど大きくはないものの、ひれ化した四肢と発達した尾びれをもち、水棲適応を完全に成し遂げていた。たとえば、きしわだ自然資料館で展示されている「**クリダステス**（*Clidastes*）」や群馬県立自然史博物館で展示されている「**プラテカルプス**（*Platecarpus*）」などが〝大きくはないけれども、水棲適応した初期のモササウルス類〟にあたる。

その後、モササウルス類は〝ライバル〟とともに、まるで競い合うかのように、海の中で〝強

力な存在〟となっていく。

優秀な〝同期〟

モササウルス類と時を同じくして台頭した海棲動物のグループ(ラィバル)が、「新生板鰓類」だ。いわゆる「サメの仲間」であり、モササウルス類と並ぶ、今回の主役の一つである。

もっとも、新生板鰓類の歴史自体は、モササウルス類の登場よりもずっと古い。モササウルス類の登場から1億年ほど遡る。そんな昔に出現しながらも、このグループは雌伏の時を過ごしてきた。

そもそも新生板鰓類は軟骨魚類を構成するグループの一つで、軟骨魚類自体はさらに2億年近く遡る。238ページの「守るべきか、攻めるべきか」を思い起こしていただきたい。当時、甲冑魚たちと生存競争を繰り広げ、のちに海洋生態系の上層を獲得していたグループこそが軟骨魚類である。

そんな軟骨魚類の中に、現生のサメの仲間である新生板鰓類が登場したのは、ジュラ紀前期のことだ。彼らにはそれまでの軟骨魚類にはない特徴がいくつかあった。古脊椎動物学の〝教科書〟の一つとして知られる『VERTEBRATE PALAEONTOLOGY』（著：マイケル・ベントン）の第4版（2014年刊行）では、石灰化した脊椎をもっていること、口をより大きく開くことができたこと、吻部が口よりも前に突出していたこと、口の開閉速度が速かったこと、遊泳速度が速かったことなどが挙げられている。

そんな特徴をもつ新生板鰓類は、魚竜類やクビナガリュウ類が我が世の春を謳歌していた時代では、けっして強者ではなかった。からだのサイズも大きくはない。

しかし、モササウルス類が出現した白亜紀半ばになると、突如として大型化を始め、いっきに海洋生態系の階段を上り始めるのである。ちなみに、モササウルス類が出現した理由も、新生板鰓類が急速に〝力をつけた〟理由も、謎である。

そして、ともに駆け上る

新生板鰓類の台頭を象徴するのは「**クレトキシリナ**（*Cretoxyrhina*）」だ。現生のホホジロザメとよく似た姿の持ち主で、大きな頭部、鋭い歯をもっていた。全長は平均的なもので5～6メートル、最大で9・8メートルに達したといわれている。現生のホホジロザメのサイズが4・8～6・4メートルほどとされているから、平均値では似たようなものだけれども、大きな個体はホホジロザメサイズを圧倒的に凌駕（りょうが）していた。

クレトキシリナの化石は、アメリカをはじめとする世界各地で発見されており、その繁栄のほどがよくわかる。大型の条鰭類（じょうきるい）（現生種でいえば、マグロやカツオなど、大半の魚が属するグル

ープ）をはじめ、多くの海棲爬虫類の化石にクレトキシリナの歯型が確認されている。

そして、こうした歯型は、下顎に多くみられることから、クレトキシリナは的確に動物の弱点である首を狙っていたのではないか、という指摘さえある。おそるべきサメだ。

クレトキシリナが生きていた時期は白亜紀後期の半ば（約８５００万年前の前後）である。ほぼ同時期にはクレトキシリナに限らず、大型の新生板鰓類が世界の海に存在していた。彼らの中にはクレトキシリナの〝食べ残し〟を狙っていたとみられるものや、二枚貝などの硬いものを主食としていたとみられるものなどもいた。

さまざまな生態に適応した種が新生板鰓類には存在していた。つまり、新生板鰓類は、大型化だけではなく、多様化にも成功していた。

一方のモササウルス類も、時を同じくするように多様化に成功した。獲物を骨ごと嚙み砕く強力な歯をもつ種、獲物の肉を切り裂く歯をもつ種、貝類などをすりつぶすことができる歯をもつ種や、海ではなく、川に進出した種もいた。

そして、モササウルス類も大型化に成功する。クレトキシリナと比べるとタイミングが２０００万年近く遅れての出現となったものの、グループ名の由来ともなった「**モササウルス・ホフマニイ**（*Mosasaurus hoffmanni*）」は、全長15メートルの巨大種として知られている。頭骨だけで１・６メートルという大きさで、そこには太くがっしりとした歯が並んでいた。ちなみに、モササウルス・ホフマニイはモササウルス類として最初に報告された種であり、その化石が発見された当初は、いったいどんな動物の骨なのかがよくわかっておらず、発見地の名前をとって「マーストリヒトの大怪獣」と呼ばれていた。

モササウルス類と新生板鰓類の大型化に関しては、新生板鰓類が先行し、大型の新生板鰓類が滅んだあとにモササウルス類に大型種が出現したという見方もあれば、一概にそうしたことはいえず、両者は似たタイミングで大きくなっていったという見方もある。

基本的に、同じ生態系で、同じ生態的地位（ニッチ）をもつ動物は一種しかいないはずだ（p116「『棲み分け』で争いを避ける」参照）。もしも生態系を〝駆け上っていくタイミング〟がほぼ同時であったというのなら、〝優秀な狩人〟である両グループの間には、何らかの棲み分けがあったのかもしれない。しかし、まだそのあたりのことはよくわかっていない。

現代社会でも同期のライバルとは互いに切磋琢磨しながらも、他人からみたらわからないような微妙なちがいさえあれば、ともに〝駆け上っていく〟ことが可能なのかもしれない。

おすすめの博物館

本書に登場した博物館をまとめておこう。

三笠市立博物館（北海道）
アンモナイトの展示が充実している。

ミュージアムパーク茨城県自然博物館
パレイアサウルスや松花江マンモスの他、スミロドンの実物化石も展示されている。

葛生化石館（栃木県）
イノストランケヴィアが展示されている。

神流町恐竜センター（群馬県）
モンゴル産の恐竜が充実している。

群馬県立自然史博物館
リストロサウルスの他、ディメトロドンの実物化石も展示されている。

国立科学博物館（東京都）
ダンクルオステウス、マンモスハウスの他、ティラノサウルスも展示されている。

東海大学自然史博物館（静岡県）
スクトサウルスが展示されている。

北九州市立自然史・歴史博物館（福岡県）
ダンクルオステウスの他、ティラノサウルスの展示も充実している。

本書に関連してこちらもおすすめだ。

蒲郡市生命の海科学館（愛知県）
アノマロカリスへの愛が溢れる博物館。

豊橋市自然史博物館（愛知県）
エリオプスが展示されている。

あとがき

古生物から学ぶ30のお話。いかがでしたでしょうか？

いくつかは我田引水と感じ、いくつかにはツッコミながらお読みいただいたかもしれません。

でも、いくつかに頷いていただけたのであれば、本書の企画は成功したといえると思います。

もとよりここで紹介したさまざまな古生物の話題は、「研究の成果」として発表されたものです。

科学の世界は日進月歩。

今日の仮説が明日の発見で否定されることも少なくありません。

しかし、そうした新発見や新仮説にも、見方を変えれば、きっと何か学べるところがあるのではないかと思います。もちろん、新旧の仮説のちがいや発見などを楽しむことも、科学であり、歴史学でもある古生物学の大事な側面といえると思います。

なお、本書冒頭の編集者の台詞は次のように続きます。

「元会社員編集者で、管理職もやっていた、その経験も生かせませんか」

さあ、どうでしょう。私の約9年の会社員経験と古生物に関する知識をうまく融合できたでしょうか。

本書を監修いただいたのは、古生物学者にして地球科学可視化技術研究所株式会社代表の芝原暁彦さんです。同研究所は、産業技術総合研究所発のベンチャー企業。芝原さんには古生物学者と企業代表の両方の立場からご協力いただきました。お忙しい中、本当にありがとうございました。

イラストは、田中順也さんの作品。本書のために描き下ろしをいただきました。独特のタッチで描かれた愛嬌のある古生物と女性たちのイラストは、ともすれば堅くなりがちな本書のテーマに、ある種の〝憩い〟を添えてくれました。

絶妙なデザインは、株式会社ブックウォールの松昭教さんと築地亜希乃さんによるものです。編集は、幻冬舎の有馬大樹さんという陣容でおおくりしました。

最後までお読みいただいたあなたに大感謝を。ありがとうございます。

本書が少しでもあなたの助けとなれば嬉しいです。

そして、今後、古生物や生命史にあなたが触れた際、こういった視点の楽しみ方もあるのだと、思い出していただければ幸いです。

索引

ま行

や行

ら行

わ行

な行

は行

生　　　代　先カンブリア時代

シルル紀	オルドビス紀	カンブリア紀	エディアカラ紀
約4億4400万年前 ～約4億1900万年前	約4億8500万年前 ～約4億4400万年前	約5億4100万年前 ～約4億8500万年前	約6億3500万年前 ～約5億4100万年前

O／S境界絶滅事件

中生代　　　　　　　　　　　　　　　　**古**

三畳紀	ペルム紀	石炭紀	デボン紀
約2億5200万年前 ～約2億100万年前	**約2億9900万年前 ～約2億5200万年前**	**約3億5900万年前 ～約2億9900万年前**	**約4億1900万年前 ～約3億5900万年前**
ウタツサウルス（P95）	イノストランケヴィア（P19、211）	メガネウラ（P231）	アカントステガ（P252）
エオドロマエウス（P257）	エリオプス（P12）		エルベノチレ（P140）
サウロスクス（P165）	スクトサウルス（P211）		クラドセラケ（P244）
リソウイシア（P24）	ディイクトドン（P20、211）		ダンクルオステウス(P242)
	ディプロカウルス（P234）		ティクターリク（P252）
	ディメトロドン（P10、208）		ディクラヌルス（P141）
	パレイアサウルス（P211）		パラスピリファー（P103）
	リストロサウルス（P210）		ボスリオレピス（P241）
	ワーゲノコンカ（P104）		ワリセロプス・ トリファーカトゥス（P140）

代　中生代

古第三紀

**約6600万年前
〜約2303万年前**

アラエオケリス（P204）
アンブロケトゥス（P267）
ティタノボア（P198）
デルフィノルニス（P60）
ドルドン（P267）
パキケトゥス（P265）
バルボロフェリス（P45）
ペルディプテス（P60）
ホプロフォネウス（P45）
ミアキス（P31、43）
レプトキオン（P33）
ワイマヌ（P59）

K/Pg境界絶滅事件

白亜紀

**約1億4500万年前
〜約6600万年前**

アンキロサウルス（P214）
ヴェロキラプトル（P202、208）
オルニトミムス（P148）
カムイサウルス（P215）
キアンゾウサウルス（P122）
クリダステス（P278）
クレトキシリナ（P280）
タルボサウルス（P119）
デイノスクス（P169）
デイノニクス（P202）
ティラノサウルス（P18、65、74、119、166、208、221）
テトラポドフィス（P196）
テリジノサウルス（P256）
トリケラトプス（P203、214）
ナジャシュ（P197）
ニッポニテス・ミラビリス（P189）
ニッポノサウルス（P215）
ハアシアサウルス（P278）
パキケファロサウルス（P214）
パキラキス（P196）
ファルカリウス（P258）
プラテカルプス（P278）
プロトケラトプス（P203）
モササウルス・ホフマニイ（P281）
ユーボストリコセラス（P188）
ラティメリア（P128）
リトロナクス（P224）

ジュラ紀

**約2億100万年前
〜約1億4500万年前**

アロサウルス（P54）
グアンロン（P222）
ステゴサウルス（P214）
ステノプテリギウス（P95）
プロケラトサウルス（P221）
マメンチサウルス（P222）

新　生

第四紀

約258万年前～現在

新第三紀

**約2303万年前
～約258万年前**

もっと詳しく知りたい
読者のための参考資料

《一般書籍》

『アンモナイト学』編：国立科学博物館，著：重田康成，2001年刊行，東海大学出版会
『岩波＝ケンブリッジ 世界人名辞典』編：デイヴィド・クリスタル，1997年刊行，岩波書店
『エディアカラ紀・カンブリア紀の生物』監修：群馬県立自然史博物館，著：土屋 健，2013年刊行，技術評論社
『凹凸形の殻に隠された謎』著：椎野勇太，2013年刊行，東海大学出版会
『オルドビス紀・シルル紀の生物』監修：群馬県立自然史博物館，著：土屋 健，2013年刊行，技術評論社
『怪異古生物考』監修：荻野慎諧，著：土屋 健，絵：久 正人，2018年刊行，技術評論社
『海洋生命5億年史』監修：田中源吾，冨田武照，小西卓哉，田中嘉寛，著：土屋 健，2018年刊行，文藝春秋
『旧約聖書 創世記』訳：関根正雄，1967年刊行，岩波書店
『教科書ガイド 三省堂版 高等学校 国語総合 古典編』2013年刊行，文研出版
『恐竜学入門』著：D. E. Fastovsky, D. B. Weishampel，監訳：真鍋 真，訳：藤原慎一，松本涼子，2015年刊行，東京化学同人
『恐竜ビジュアル大図鑑』監修：小林快次，藻谷亮介，佐藤たまき，ロバート・ジェンキンズ，小西卓哉，平山 廉，大橋智之，冨田幸光，著：土屋 健，2014年刊行，洋泉社
『決着！ 恐竜絶滅論争』著：後藤和久，2011年刊行，岩波書店
『広辞苑 第七版』編：新村 出，2018年刊行，岩波書店
『古生物学事典 第2版』編：日本古生物学会，2010年刊行，朝倉書店
『古生物食堂』監修：松郷庵甚五郎二代目，古生物食堂研究者チーム，著：土屋 健，絵：黒丸，2019年刊行，技術評論社
『古生物たちのふしぎな世界』協力：田中源吾，著：土屋 健，2017年刊行，講談社
『古第三紀・新第三紀・第四紀の生物 上巻』監修：群馬県立自然史博物館，著：土屋 健，2016年刊行，技術評論社
『古第三紀・新第三紀・第四紀の生物 下巻』監修：群馬県立自然史博物館，著：土屋 健，2016年刊行，技術評論社
『三畳紀の生物』監修：群馬県立自然史博物館，著：土屋 健，2015年刊行，技術評論社
『シーラカンス』編：北九州市立自然史・歴史博物館，福岡文化財団，著：籔本美孝，2008年刊行，東海大学出版会
『シーラカンスは語る』著：大石道夫，2015年刊行，丸善出版
『ジュラ紀の生物』監修：群馬県立自然史博物館，著：土屋 健，2015年刊行，技術評論社
『小学館の図鑑NEO 鳥』監修：上田恵介，指導・執筆：柚木 修，画：水谷高英ほか，2002年刊行，小学館
『小学館の図鑑NEO 動物』指導・執筆：三浦慎吾，成島悦雄，伊澤雅子，監修：吉岡 基，室山泰之，北垣憲仁，協力：横山 正，画：田中豊美ほか，2002年刊行，小学館
『新版 絶滅哺乳類図鑑』著：冨田幸光，イラスト：伊藤丙雄，岡本泰子，2011年刊行，丸善
『人類の進化大図鑑』日本語版監修：馬場悠男，編著：アリス・ロバーツ，2012年刊行，河出書房新社
『生命史図譜』監修：群馬県立自然史博物館，著：土屋 健，2017年刊行，技術評論社
『生命と地球の進化アトラスIII』著：イアン・ジェンキンス，監訳：小畠郁生，2004年刊行，朝倉書店
『世界サメ図鑑』日本語版監修：仲谷一宏，著：スティーブ・パーカー，訳：櫻井英里子，2010年刊行，ネコ・パブリッシング
『石炭紀・ペルム紀の生物』監修：群馬県立自然史博物館，著：土屋 健，2014年刊行，技術評論社
『そして恐竜は鳥になった』監修：小林快次，著：土屋 健，2013年刊行，誠文堂新光社
『孫子』著：浅野裕一，1997年刊行，講談社
『ティラノサウルスはすごい』監修：小林快次，著：土屋 健，2015年刊行，文藝春秋
『デボン紀の生物』監修：群馬県立自然史博物館，著：土屋 健，2014年刊行，技術評論社
『動物学の百科事典』編：日本動物学会，2018年刊行，丸善出版

本書を執筆するにあたり，とくに参考にした主要な文献は次の通り。
※本書に登場する年代値は，とくに断りのないかぎり，
International Commission on Stratigraphy, 2019/05, INTERNATIONAL STRATIGRAPHIC CHARTを使用している

『オックスフォード動物行動学事典』編：デイヴィッド・マクファーランド，監訳：木村武二，1993年刊行，どうぶつ社
『白亜紀の生物 上巻』監修：群馬県立自然史博物館，著：土屋 健，2015年刊行，技術評論社
『白亜紀の生物 下巻』監修：群馬県立自然史博物館，著：土屋 健，2015年刊行，技術評論社
『爬虫類の進化』著：疋田 努，2002年刊行，東京大学出版会
『歩行するクジラ』著：J. G. M. シューウィセン，訳：松本忠夫，2018年刊行，東海大学出版部
『北海道 化石が語るアンモナイト』著：早川浩司，2003年刊行，北海道新聞社
『眼の誕生』著：アンドリュー・パーカー，訳：渡辺政隆，今西康子，2006年刊行，草思社
『よみがえる恐竜（別冊日経サイエンス）』編：真鍋 真，2017年刊行，日本経済新聞出版社
『老子』訳注：蜂屋邦夫，2008年刊行，岩波書店
『ワニと恐竜の共存』著：小林快次，2013年刊行，北海道大学出版会
『Evolution of Fossil Ecosystems, Second Edition』著：Paul Selden, John Nudds, 2012年刊行，CRC Press
『The Princeton Field Guide to Dinosaurs Second Edition』著：Gregory S. Paul, 2016年刊行，Princeton University Press
『The Rise of Fishes』著：John A. Long, 2011年刊行，Johns Hopkins University Press

《雑誌記事》

『イヌとネコはどこから来たのか？』Newton 2011年10月号，ニュートンプレス
『撮影成功！ 洞窟にひそむシーラカンス』Newton 2006年9月号，ニュートンプレス
『ペンギンの数奇な歩み』著：R. E. フォーダイス，D. T. セプカ，日経サイエンス 2013年3月号，日経サイエンス

《特別展図録》

『シーラカンスの謎に迫る』2009年，群馬県立自然史博物館
『太古の哺乳類展』2014年，国立科学博物館
『マンモス「YUKA」』2013年，パシフィコ横浜

《WEBサイト》

アフリカゾウ豆知識，東京ズーネット，https://www.tokyo-zoo.net/topics/profile/profile23.shtml
音のふしぎ，Panasonic，https://www.panasonic.com/jp/corporate/sustainability/citizenship/pks/library/015sound/sou013.html
住民基本台帳に基づく人口、人口動態及び世帯数（平成30年1月1日現在），総務省，http://www.soumu.go.jp/menu_news/s-news/01gyosei02_02000177.html
小惑星衝突の「場所」が恐竜などの大量絶滅を招くー衝突場所により、すすが引き起こす気候変動の規模に変化ー，東北大学，https://www.tohoku.ac.jp/japanese/2017/11/press20171109-01.html
世界の犬，一般社団法人ジャパンケネルクラブ，https://www.jkc.or.jp/worlddogs/introduction
全国犬猫飼育実態調査，一般社団法人ペットフード協会，https://petfood.or.jp/data/
総務省統計局，https://www.stat.go.jp/index.html
日本産生物種数調査，日本分類学会連合，http://ujssb.org/biospnum/search.php
メタボってなに？，糖尿病情報センター，http://dmic.ncgm.go.jp/general/about-dm/010/010/02.html

《学術論文》

Adrian M. Lister, Andrei V. Sher, Hans van Essen, Guangbiao Wei. 2005. The pattern and process of mammoth evolution in Eurasia. Quaternary International, 126-128, 49-64.

Alfio Alessandro Chiarenza, Philip D. Mannion, Daniel J. Lunt, Alex Farnsworth, Lewis A. Jones, Sarah-Jane Kelland, Peter A. Allison. 2019. Ecological niche modelling does not support climatically-driven dinosaur diversity decline before the Cretaceous/Paleogene mass extinction. Nature Communications, 10:1091.

B. Figueirido, A. Martín-Serra, Z. J. Tseng, C. M. Janis. 2015. Habitat changes and changing predatory habits in North American fossil canids. Nature Communications, 6(1), 7976. doi: 10.1038/ncomms8976.

Cajus G. Diedrich. 2009. Upper Pleistocene Panthera leo spelaea (Goldfuss, 1810) remains from the Bilstein Caves (Sauerland Karst) and contribution to the steppe lion taphonomy, palaeobiology and sexual dimorphism. Annales de Paléontologie, 95 (3), 117-138.

Daniel B. Thomas, Daniel T. Ksepka, R. Ewan Fordyce. 2011. Penguin heat-retention structures evolved in a greenhouse Earth. Biology Letters, 7 (3), 461-464. doi:10.1098/rsbl.2010.0993.

Darla K. Zelenitsky, François Therrien, Gregory M. Erickson, Christopher L. DeBuhr, Yoshitsugu Kobayashi, David A. Eberth, Frank Hadfield. 2012. Feathered non-avian dinosaurs from North America provide insight into wing origins. Science, 338 (6106), 510-514.

John Kappelman, Richard A. Ketcham, Stephen Pearce, Lawrence Todd, Wiley Akins, Matthew W. Colbert, Mulugeta Feseha, Jessica A. Maisano, Adrienne Witzel. 2016. Perimortem fractures in Lucy suggest mortality from fall out of tall tree. nature, 537 (7621), 503-507.

Johan Lindgren, Peter Sjövall, Volker Thiel, Wenxia Zheng, Shosuke Ito, Kazumasa Wakamatsu, Rolf Hauff, Benjamin P. Kear, Anders Engdahl, Carl Alwmark, Mats E. Eriksson, Martin Jarenmark, Sven Sachs, Per E. Ahlberg, Federica Marone, Takeo Kuriyama, Ola Gustafsson, Per Malmberg, Aurélien Thomen, Irene Rodríguez-Meizoso, Per Uvdal, Makoto Ojika, Mary H. Schweitzer. 2018. Soft-tissue evidence for homeothermy and crypsis in a Jurassic ichthyosaur. nature, 564 (7736), 359-365.

John R. Paterson, Gregory D. Edgecombe, Michael S. Y. Lee. 2019. Trilobite evolutionary rates constrain the duration of the Cambrian explosion. PNAS. doi: 10.1073/pnas.1819366116.

Jørn H. Hurum, Karol Sabath. 2003. Giant theropod dinosaurs from Asia and North America: Skulls of Tarbosaurus bataar and Tyrannosaurus rex compared. Acta Palaeontologica Polonica, 48(2), 161-190.

Katherine Long, Donald Prothero, Meena Madan, Valerie J. P. Syverson. 2017. Did saber-tooth kittens grow up musclebound? A study of postnatal limb bone allometry in felids from the Pleistocene of Rancho La Brea. PLOS ONE, 12(9).

K. D. Angielczyk, L. Schmitz. 2014. Nocturnality in synapsids predates the origin of mammals by over 100 million years. Proceedings of the Royal Society B, 281(1793). doi: 10.1098/rspb.2014.1642.

K. T. Bates, P. L. Falkingham. 2012. Estimating maximum bite performance in Tyrannosaurus rex using multi-body dynamics, Biology Letters, doi:10.1098/rsbl.2012.0056.

Kunio Kaiho, Naga Oshima. 2017. Site of asteroid impact changed the history of life on Earth: the low probability of mass extinction. Scientific Reports, 7(1): 14855.

Kunio Kaiho, Naga Oshima, Kouji Adachi, Yukimasa Adachi, Takuya Mizukami, Megumu Fujibayashi, Ryosuke Saito. 2016. Global climate change driven by soot at the K-Pg boundary as the cause of the mass extinction. Scientific Reports, 6: 28427.

Lindsay E. Zanno, Ryan T. Tucker, Aurore Canoville, Haviv M. Avrahami, Terry A. Gates, Peter J. Makovicky. 2019. Diminutive fleet-footed tyrannosauroid narrows the 70-million-year gap in the North American fossil record. Communications Biology, 2: 64.

Matthew E. Clapham, Jered A. Karr. 2012. Environmental and biotic controls on the evolutionary history of insect body size. PNAS. doi: 10.1073/pnas.1204026109.

M. Aleksander Wysocki, Robert S. Feranec, Zhijie Jack Tseng, Christopher S. Bjornsson. 2015. Using a Novel Absolute Ontogenetic Age Determination Technique to Calculate the Timing of Tooth Eruption in the Saber-Toothed Cat, Smilodon fatalis. PLOS ONE, 10(7):e0129847. doi:10.1371/journal.pone.0129847.

Mark A. Loewen, Randall B. Irmis, Joseph J. W. Sertich, Philip J. Currie, Scott D. Sampson. 2013. Tyrant dinosaur evolution tracks the rise and fall of Late Cretaceous oceans. PLOS ONE, 8(11): e79420. doi:10.1371/journal.pone.0079420.

Mathias Stiller, Gennady Baryshnikov, Hervé Bocherens, Aurora Grandal d'Anglade, Brigitte Hilpert, Susanne C. Münzel, Ron Pinhasi, Gernot Rabeder, Wilfried Rosendahl, Erik Trinkaus, Michael Hofreiter, Michael Knapp. 2010. Withering away—25,000 years of genetic decline preceded cave bear extinction. Molecular Biology and Evolution, 27(5), 975–978. doi:10.1093/molbev/msq083.

Sohsuke Ohno, Toshihiko Kadono, Kosuke Kurosawa, Taiga Hamura, Tatsuhiro Sakaiya, Keisuke Shigemori, Yoichiro Hironaka, Takayoshi Sano, Takeshi Watari, Kazuto Otani, Takafumi Matsui, Seiji Sugita. 2014. Production of sulphate-rich vapour during the Chicxulub impact and implications for ocean acidification. nature geoscience, 7, 279-282.

Steven M. Stanley. 2016. Estimates of the magnitudes of major marine mass extinctions in earth history. PNAS. doi:10.1073/pnas.1613094113.

Takanobu Tsuihiji, Mahito Watabe, Khishigjav Tsogtbaatar, Takehisa Tsubamoto, Rinchen Barsbold, Shigeru Suzuki, Andrew H. Lee, Ryan C. Ridgely, Yasuhiro Kawahara, Lawrence M. Witmer. 2011. Cranial Osteology of a Juvenile Specimen of Tarbosaurus bataar (Theropoda, Tyrannosauridae) from the Nemegt Formation (Upper Cretaceous) of Bugin Tsav, Mongolia. Journal of Vertebrate Paleontology, 31(3), 497-517.

Tomasz Sulej, Grzegorz Niedźwiedzki. 2019. An elephant-sized Late Triassic synapsid with erect limbs. Sciecne, 363(6422), 78-80.

Walter G. Joyce, Norbert Micklich, Stephan F. K. Schaal, Torsten M. Scheyer. 2012. Caught in the act: the first record of copulating fossil vertebrates. Biology Letters, doi:10.1098/rsbl.2012.0361.

W. Scott Persons, IV, Philip J. Currie, Gregory M. Erickson. 2019. An Older and Exceptionally Large Adult Specimen of Tyrannosaurus rex. The Anatomical Record, Special Issue Article.

Yoshitsugu Kobayashi, Tomohiro Nishimura, Ryuji Takasaki, Kentaro Chiba, Anthony R. Fiorillo, Kohei Tanaka, Tsogtbaatar Chinzorig, Tamaki Sato, Kazuhiko Sakurai. 2019. A New Hadrosaurine (Dinosauria:Hadrosauridae) from the Marine Deposits of the Late Cretaceous Hakobuchi Formation, Yezo Group, Japan. Scientific Reports, 9(1):12389. doi:10.1038/s41598-019-48607-1.

Yuta Shiino, Osamu Kuwazuru, Yutaro Suzuki, Satoshi Ono. 2012. Swimming capability of the remopleuridid trilobite Hypodicranotus striatus :Hydrodynamic functions of the exoskeleton and the long, forked hypostome. Journal of Theoretical Biology, 300, 29-38.

古生物のしたたかな生き方

2020年1月25日　第1刷発行

著　者　土屋健
監　修　芝原暁彦
画　田中順也
ブックデザイン　bookwall

発行人　見城 徹
編集人　菊地朱雅子
編集者　有馬大樹
発行所　株式会社 幻冬舎
〒151-0051　東京都渋谷区千駄ヶ谷4-9-7
電　話　03(5411)6211(編集)
03(5411)6222(営業)
振替00120-8-767643
印刷・製本所　中央精版印刷株式会社

検印廃止

Printed in Japan
ISBN978-4-344-03562-1 C0095
幻冬舎ホームページアドレス https://www.gentosha.co.jp/

この本に関するご意見・ご感想をメールでお寄せいただく場合は、comment@gentosha.co.jpまで。